高校入試対策総復習

これ1冊で

しっかりやり直せる

中学数学

くもん出版

本書の特長

1 中学3年分の内容を，基礎から総復習できる！

中学3年分の重要なポイントや問題の解き方・考え方が，
すっきりわかりやすく書いてあるので，高校入試対策の第一歩として，
基礎力のレベルアップをめざしたい人に最適です。

2 理解の道すじを順を追って確認できる，独自のステップ！

理解の道すじにそって少しずつレベルアップしていくので，「できること」「できないこと」の
チェックがしやすく，基本を確実にマスターしながら学習を進められます。

3 学習しやすい「書き込み式ドリル」「別冊解答書」

本書は，答えをこの本の中に書き込めるようにした「書き込み式ドリル」です。
ですから，学習しやすく，覚えやすくなっています。
また，解答が別冊になっているので，効率的に学習を進めることができます。

本書の使い方

■ 解答書は，本書のうしろにのりづけされています。ひっぱると別冊になります。

● 1回分は2ページです。
● それぞれのセクションは， 基本チェック ➡ 発展問題 ➡ 完成問題 で構成されています。

基本チェック

まずここで，基本中の基本を完全チェック！答えは右ページの下にあります。まちがえたところは，下の考え方をよく読んでから，必ずやり直し，できるようにしましょう。

考え方

基本チェックの解き方や考え方です。わからなかった問題や忘れかけていたことがらは，ここでしっかり確認できます。

ポイント

このセクションでおさえておきたい重要事項です。入試直前の要点整理としても活用できます。

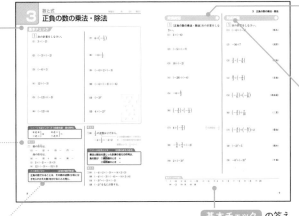

基本チェック の答え

チェック欄の使い方

すべての問題に，チェック欄（□）がついています。問題が正解だったら，□に✓を入れたり，ぬりつぶしたりして活用しましょう。すべての□をチェックできるよう，がんばって学習を進めましょう。

発展問題

基本的・標準的な問題が中心です。ここで基礎力をしっかりきたえましょう。

完成問題

実際に公立高校の入試で出題された問題が中心です。このセクションの総仕上げとしてチャレンジしましょう。

発展問題 と 完成問題

の答えと解説は，巻末の別冊解答書にあります。まちがえたところは必ずやり直し，できるようにしましょう。

● 学習の最後に，「高校入試基礎問題　模擬テスト」に挑戦しましょう。

目次

1章 数と式

1	正負の数	4
2	正負の数の加法・減法	6
3	正負の数の乗法・除法	8
4	正負の数の四則①	10
5	正負の数の四則②	12
6	文字式	14
7	式の計算①	16
8	式の計算②	18
9	式の計算③	20
10	式の計算④	22
11	因数分解	24
12	文字式の利用, 等式の変形	26
13	平方根①	28
14	平方根②	30
15	平方根③	32
16	式の値	34
17	数の世界の広がり	36

2章 方程式

18	1次方程式	38
19	1次方程式の応用	40
20	連立方程式	42
21	連立方程式の応用①	44
22	連立方程式の応用②	46
23	2次方程式①	48
24	2次方程式②	50
25	2次方程式③	52
26	2次方程式の応用	54
27	方程式の応用	56

3章 関数

28	比例・反比例①	58
29	比例・反比例②	60
30	1次関数①	62
31	1次関数②	64
32	1次関数③	66
33	関数 $y=ax^2$ といろいろな関数	68
34	関数 $y=ax^2$ ①	70
35	関数 $y=ax^2$ ②	72

4章 図形

36	作図①	74
37	作図②	76
38	図形の移動①	78
39	図形の移動②	80
40	空間図形①	82
41	空間図形②	84
42	空間図形③	86
43	空間図形④	88
44	空間図形⑤	90
45	多角形の角	92
46	平行線と角	94
47	三角形の合同	96
48	直角三角形の合同	98
49	二等辺三角形と正三角形	100
50	平行四辺形①	102
51	平行四辺形②	104
52	長方形, ひし形, 正方形	106
53	平行線と面積	108
54	円周角①	110
55	円周角②	112
56	円周角③	114

57	相似①	116
58	相似②	118
59	相似③	120
60	平行線と線分の比	122
61	中点連結定理	124
62	相似な図形の面積比, 体積比	126
63	三平方の定理とその応用	128
64	三平方の定理の応用①	130
65	三平方の定理の応用②	132
66	三平方の定理の応用③	134
67	三平方の定理の応用④	136
68	三平方の定理の応用⑤	138

5章 確率・統計

69	確率①	140
70	確率②	142
71	確率③	144
72	確率④	146
73	データの整理と活用①	148
74	データの整理と活用②	150

| 高校入試基礎問題 模擬テスト 1 | 152 |
| 高校入試基礎問題 模擬テスト 2 | 156 |

1 数と式

正負の数

基本チェック

1 次の問いに答えなさい。

□(1)　次の数の絶対値を答えなさい。

① ＋4 　　　 ② −7

③ −1.5 　　　 ④ $\dfrac{2}{5}$

□(2)　絶対値が5である数をすべて答えなさい。

□(3)　絶対値が2より小さい整数をすべて答えなさい。

2 次の問いに答えなさい。

□(1)　次の□に不等号(＞，＜)を書き入れて，2つの数の大小を表しなさい。

① 2 □ 3 　　　 ② −2 □ −3

③ −1 □ −0.5 　　　 ④ $-\dfrac{3}{4}$ □ $-\dfrac{1}{4}$

□(2)　次の数の大小を，不等号を使って表しなさい。

① −7，4

② −2，−6

③ $-\dfrac{1}{3}$，$-\dfrac{1}{5}$

1のポイント 〈絶対値〉

絶対値は，数直線上で，原点(0)とその数を表す点との距離である。正負の数から，その数の符号をとりさったものとみることもできる。

考え方

1(1)，(2)

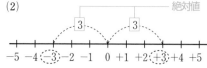

＋3の絶対値は3
−3の絶対値は3 ⟩⇒ 0の絶対値は0

(3)　数直線上で考えるとよい。

2より小さい整数には，2は入らない。

　　　　→「aより小さい」には，aは入らない。
　　　　　「a以下」には，aが入る。

2のポイント 〈数の大小〉

●(負の数)＜0＜(正の数)

●負の数は，絶対値が大きいほど小さい。

考え方

2(1)　①　4より5のほうが大きいことを，

　　　　　　4＜5　または　5＞4

と表す。

②　数直線上では，右側にある数のほうが大きい。−2は−3より右側にある。

−2の絶対値は2
−3の絶対値は3 ⟩ 負の数は，絶対値が大きいほど小さい。

(2)　①　(負の数)＜0＜(正の数)

③　通分して絶対値の大小を比べる。

発展問題

1 〔絶対値〕次の問いに答えなさい。

□(1) 絶対値が 4 である数をすべて答えなさい。

□(2) 絶対値が 3 以下である整数をすべて答えなさい。

□(3) 絶対値が 1 より大きく 3 以下である整数をすべて答えなさい。

2 〔数の大小〕次の問いに答えなさい。

□(1) 次の 2 つの数の大小を不等号を使って表しなさい。
$$-\frac{1}{4}, \quad -\frac{2}{5}$$

□(2) −3 より大きく 2 より小さい整数をすべて答えなさい。

□(3) −3.5 より大きく 1 より小さい整数は全部で何個あるか，答えなさい。

□(4) −2 より大きく $\frac{5}{3}$ より小さい整数をすべて答えなさい。

$\frac{5}{3}=1.6\cdots$

完成問題

1 次の問いに答えなさい。

□(1) 絶対値が 3 である数をすべて書きなさい。　　(岩手)

□(2) 絶対値が 2 以下である整数は全部でいくつあるか，答えなさい。　　(栃木)

□(3) 絶対値が 1.5 より小さい整数をすべて書きなさい。　　(福島)

□(4) 絶対値が 3 より大きく 6 より小さい整数をすべてあげなさい。　　(宮城)

2 次の問いに答えなさい。

□(1) 次の 2 つの数の大小を不等号を使って表しなさい。　　(大分)
$$-\frac{2}{7}, \quad -\frac{1}{3}$$

□(2) −1.5 より大きく 2.4 より小さい整数をすべて書きなさい。　　(大阪)

□(3) −2.7 より大きく $\frac{14}{3}$ より小さい整数は全部で何個あるか，答えなさい。　　(高知)

基本チェックの答え

1 (1) ① 4　② 7　③ 1.5　④ $\frac{2}{5}$　(2) −5と5　(3) −1, 0, 1

2 (1) ① ＜　② ＞　③ ＜　④ ＜　(2) ① −7＜4　② −2＞−6　③ $-\frac{1}{3}<-\frac{1}{5}$

2 数と式

正負の数の加法・減法

基本チェック

1 次の計算をしなさい。

□(1)　4−3

□(2)　2−3

□(3)　(−1)+3

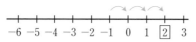

□(4)　(−5)+3

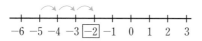

□(5)　(−1)−3

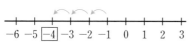

□(6)　−1+4

□(7)　−1−4

□(8)　2+(+5)

□(9)　2−(+5)

□(10)　−2+(−6)

□(11)　−2−(−6)

□(12)　2+4−5

□(13)　−2+4−5

□(14)　−2−4−5

□(15)　−4+(5−2)

□(16)　−4−(5−2)

考え方

1(6)　(−1)+4 と同じ。

(7)　(−1)−4 と同じ。

1(8)〜(11)のポイント　〈かっこのはずし方〉

+(+○)⇨+○　　−(+○)⇨−○
+(−○)⇨−○　　−(−○)⇨+○

考え方

1(8)　2+(+5)=2+5

(9)　2−(+5)=2−5

(10)　−2+(−6)=−2−6

(11)　−2−(−6)=−2+6

1(15)(16)のポイント　〈計算の順序〉

かっこのある式は，かっこの中を先に計算する。

考え方

1(15)，(16)　5−2 を先に計算する。

発展問題

1 〔正負の数の加法・減法〕次の計算をしなさい。

□(1)　$-12+5$

□(2)　$-9-4$

□(3)　$3-(+8)$

□(4)　$\dfrac{1}{2}-\dfrac{5}{8}$　　　　　通分する。

□(5)　$-0.5-\dfrac{1}{3}$　　　小数を分数になおす。

□(6)　$3-9+5$

□(7)　$6-4-7$

□(8)　$-\dfrac{2}{3}-\left(-\dfrac{1}{6}\right)+\dfrac{1}{2}$

□(9)　$2+(3-6)$

□(10)　$-5-(7-9)$

完成問題

1 次の計算をしなさい。

□(1)　$-16+7$　　　　　（千葉）

□(2)　$(-2)-(+7)$　　　（山梨）

□(3)　$\dfrac{2}{3}-\dfrac{4}{5}$　　　　　（富山）

□(4)　$\dfrac{1}{4}-\left(-\dfrac{5}{6}\right)$　　　（愛知）

□(5)　$5-8-4$　　　　　（石川）

□(6)　$4-(-8)-5$　　　（山形）

□(7)　$\dfrac{5}{4}-\left(-\dfrac{1}{6}\right)-\dfrac{7}{3}$　（愛知）

□(8)　$-2+0.2-\dfrac{1}{3}$　（和歌山県立桐蔭高）

□(9)　$6-(2-7)$　　　　（山形）

□(10)　$-4+(8-20)$　　（鳥取）

3 正負の数の乗法・除法

基本チェック

1 次の計算をしなさい。

□(1)　$3 \times (-2)$

□(2)　$(-3) \times (-2)$

□(3)　$(-4) \times 3$

□(4)　$12 \div (-3)$

□(5)　$(-12) \div (-3)$

□(6)　$(-12) \div 6$

□(7)　$6 \times \left(-\dfrac{1}{3}\right)$

□(8)　$-4 \div \dfrac{1}{2}$

□(9)　$(-4) \times 2 \times (-3)$

□(10)　$(-4) \times (-3) \div (-6)$

□(11)　$(-3)^2$

□(12)　$4 \times (-2)^2$

$(-2)^2 = 4$
$-(-2)^2 = -4$
$-2^2 = -4$
$(-2)^3 = -8$
$-(-2)^3 = 8$
$-2^3 = -8$

---

1 (1)〜(8)のポイント〈2つの数の積・商の符号〉

$\left.\begin{array}{l} +と+ \\ -と- \end{array}\right\} +$ 　　$\left.\begin{array}{l} +と- \\ -と+ \end{array}\right\} -$

考え方

1　積の符号は，

(1)　−　　(2)　+　　(3)　−　　(7)　−

　　商の符号は，

(4)　−　　(5)　+　　(6)　−　　(8)　−

(1)　$3 \times (-2) = -(3 \times 2)$

(4)　$12 \div (-3) = -(12 \div 3)$

1 (8)のポイント　　　　〈正負の数の除法〉

正負の数でわることは，その数の逆数(分母と分子を入れかえた数)をかけることと同じ。

考え方

1 (8)　$\dfrac{1}{2}$ の逆数は 2 だから，

$-4 \div \dfrac{1}{2} = -4 \times 2$

2つの数の積が1であるとき，一方の数を他方の数の逆数という。$\dfrac{1}{2} \times 2 = 1$

1 (9)〜(12)のポイント　　　〈計算の答えの符号〉

乗法と除法の混じった計算の答えの符号は，
負の数が　①偶数個のとき　　+
　　　　　②奇数個のとき　　−

考え方

1 (9)　$(-4) \times 2 \times (-3) = +(4 \times 2 \times 3)$

(10)　$(-4) \times (-3) \div (-6) = -(4 \times 3 \div 6)$

(11)　$(-3)^2 = (-3) \times (-3)$

(12)　$(-2)^2$ を先に計算する。

発展問題

1 〔正負の数の乗法・除法〕次の計算をしなさい。

□(1)　$3 \times (-6)$

□(2)　$(-5) \times (-7)$

□(3)　$18 \div (-2)$

□(4)　$(-28) \div (-4)$

□(5)　$-6 \times \dfrac{5}{3}$

□(6)　$\left(-\dfrac{4}{5}\right) \times \left(-\dfrac{1}{2}\right)$

□(7)　$4 \div \left(-\dfrac{2}{3}\right)$　　　$-\dfrac{2}{3}$ の逆数は $-\dfrac{3}{2}$

□(8)　$-\dfrac{5}{6} \times \dfrac{3}{4} \times (-2)$

□(9)　$2 \times (-3)^2$

完成問題

1 次の計算をしなさい。

□(1)　$(-4) \times (-2)$　　　　　　　（栃木）

□(2)　$-56 \div 7$　　　　　　　　　（長野）

□(3)　$\dfrac{3}{2} \times \left(-\dfrac{4}{9}\right)$　　　　　　（福島）

□(4)　$\dfrac{8}{3} \div \left(-\dfrac{2}{9}\right)$　　　　　　（青森）

□(5)　$\left(-\dfrac{1}{6}\right) \div \left(-\dfrac{5}{9}\right)$　　　　（北海道）

□(6)　$\left(-\dfrac{2}{5}\right) \div \dfrac{7}{10}$　　　　　（三重）

□(7)　$\left(-\dfrac{4}{5}\right) \div \left(-\dfrac{6}{7}\right) \div 2$　　（愛知）

□(8)　$(-2)^3 \times 5$　　　　　　　（熊本）

□(9)　$-6^2 \div (-3)^2$　　　　　　（千葉）

基本チェックの答え

1　(1)　-6　　(2)　6　　(3)　-12　　(4)　-4　　(5)　4　　(6)　-2　　(7)　-2　　(8)　-8　　(9)　24
　(10)　-2　　(11)　9　　(12)　16

4 正負の数の四則①

基本チェック

1 次の計算をしなさい。

□(1)　$3 \times (-2) + 1$

□(2)　$(-3) \times (-2) - 2$

□(3)　$3 + (-2) \times (-4)$

□(4)　$5 - (-2) \times (-4)$

□(5)　$8 \times \left(-\dfrac{1}{4}\right) + 3$

□(6)　$9 \div (-3) + 2$

□(7)　$8 \div (-2) - 3$

□(8)　$-2 + 6 \div (-3)$

□(9)　$-7 - 12 \div (-4)$

□(10)　$4 \times (-1) + 6 \div 2$

1(1)～(5)のポイント　　〈計算の順序①〉

乗法と加法・減法の混じった式は，乗法を先に計算する。

考え方

1(1)　$3 \times (-2) + 1 = -6 + 1$

(2)　$(-3) \times (-2) - 2 = 6 - 2$

(3)　$3 + (-2) \times (-4) = 3 + 8$
　　　$(-2) \times (-4)$ を先に計算する。
　　　$3 + (-2) \times (-4) = 1 \times (-4)$ としないように。 **!**

(4)　$5 - (-2) \times (-4) = 5 - (+8)$
　　　　　　　　　　　　　$= 5 - 8$
　　　$5 - (-2) \times (-4) = 7 \times (-4)$ としないように。 **!**

(5)　$8 \times \left(-\dfrac{1}{4}\right) + 3 = -2 + 3$

1(6)～(9)のポイント　　〈計算の順序②〉

除法と加法・減法の混じった式は，除法を先に計算する。

考え方

1(6)　$9 \div (-3) + 2 = -3 + 2$

(7)　$\left. \begin{array}{l} 8 \div (-2) \\ 6 \div (-3) \end{array} \right\}$ を先に計算する。

(8)

(9)　$-7 - 12 \div (-4) = -7 - (-3)$
　　　　　　　　　　　　　　　符号に注意。 **!**

1(10)のポイント　　〈計算の順序③〉

乗法・除法と加法・減法の混じった式は，乗法・除法を先に計算する。

考え方

1(10)　$4 \times (-1) + 6 \div 2 = -4 + 3$
　　　　　先に計算する。

発展問題

1 〔正負の数の四則〕次の計算をしなさい。

□(1)　$5 \times (-2) - 4$

□(2)　$8 + (-2) \times 3$

□(3)　$12 \div (-2) + 7$

□(4)　$-3 + (-6) \div 2$

□(5)　$-9 + 6 \times \dfrac{2}{3}$

□(6)　$\dfrac{1}{5} \times (-3) - \dfrac{1}{4}$

□(7)　$8 - 6 \div \dfrac{1}{2}$

□(8)　$6 \times (-3) - 4 \times (-2)$

□(9)　$8 \times 4 - 9 \div 3$

完成問題

1 次の計算をしなさい。

□(1)　$-4 \times 3 + 2$　　　　　　　（長崎）

□(2)　$7 - (-2) \times 3$　　　　　　（福井）

□(3)　$8 \div (-2) + 7$　　　　　　（北海道）

□(4)　$2 + 15 \div (-3)$　　　　　　（沖縄）

□(5)　$\dfrac{4}{5} + \dfrac{3}{5} \times \left(-\dfrac{2}{3}\right)$　　　　（山梨）

□(6)　$\dfrac{3}{4} \times \left(-\dfrac{2}{9}\right) + \dfrac{2}{3}$　　　　（山形）

□(7)　$\dfrac{4}{5} \div \dfrac{8}{9} - \dfrac{7}{10}$　　　　（鹿児島）

□(8)　$\dfrac{5}{2} - \left(-\dfrac{3}{2}\right) \div \dfrac{3}{4}$　　　　（茨城）

□(9)　$7 \times (-2) - 12 \div (-3)$　　　（大阪）

基本チェックの答え

1 (1) -5　　(2) 4　　(3) 11　　(4) -3　　(5) 1　　(6) -1　　(7) -7　　(8) -4　　(9) -4　　(10) -1

5 数と式
正負の数の四則②

基本チェック

1 次の計算をしなさい。

□(1)　$4+3\times(2-5)$

□(2)　$2-4\times(3-5)$

□(3)　$-4+(12-6)\div2$

□(4)　$-1-(2-8)\div3$

□(5)　$3\times\{7-(6-2)\}$

□(6)　$5+(-3)^2$

□(7)　$6-(-4)^2$

□(8)　$-6-(-2)^3$

□(9)　$3^2+(-2^2)$

□(10)　$4-\{5-2\times(-3)^2\}$

1(1)〜(5)のポイント　　〈計算の順序④〉

かっこの中 ⇨ 乗法・除法 ⇨ 加法・減法の順に計算する。

考え方

1(1)　$4+3\times(2-5)=4+3\times(-3)$

　　　$4+3\times(2-5)=7\times(2-5)$ としないように。

(2)　$2-4\times(3-5)$　　　①，②，③の順に計算する。

(3)　$-4+(12-6)\div2=-4+6\div2$

(4)　$-1-(2-8)\div3=-1-(-6)\div3$
　　　　　　　　　　　　　　　$=-1-(-2)$

(5)　$3\times\{7-(6-2)\}=3\times(7-4)$

1(6)〜(10)のポイント　　〈計算の順序⑤〉

累乗（るいじょう）があるときは，累乗の計算を先にする。
累乗 ⇨ かっこの中 ⇨ 乗除 ⇨ 加減の順。

考え方

1(6)　$(-3)^2=(-3)\times(-3)$

　　　$(-3)^2=-9$ としないように。

(7)　$(-4)^2=(-4)\times(-4)$

(8)　$(-2)^3=(-2)\times(-2)\times(-2)$
　　　　　　　$=-8$ ⟵ 符号（ふごう）に注意。

(9)　$-2^2=-(2\times2)$
　　　　$(-2)^2=(-2)\times(-2)$ とのちがいに注意。

(10)　$4-\{5-2\times(-3)^2\}=4-(5-2\times9)$
　　　　　　　　　　　　　　　　　$=4-(5-18)$

発展問題

1 〔正負の数の四則〕次の計算をしなさい。

- □(1)　$3+2\times(4-7)$

- □(2)　$-4+9\div(5-2)$

- □(3)　$3\times\left(\dfrac{2}{7}-\dfrac{1}{3}\right)$

- □(4)　$\left(\dfrac{3}{8}-\dfrac{1}{3}\right)\div\dfrac{5}{6}$

- □(5)　$2\times3+15\div\{2+(4-9)\}$

- □(6)　$3+(-2)^2$

- □(7)　$(-1)^2+(-2)^3$

- □(8)　$7-3\times(-2)^2$

- □(9)　$5-\dfrac{1}{6}\times(-3)^2$

完成問題

1 次の計算をしなさい。

- □(1)　$8+5\times(4-6)$ 　　　（神奈川）

- □(2)　$4+8\div(3-7)$ 　　　（島根）

- □(3)　$\left(\dfrac{2}{5}-\dfrac{1}{2}\right)\times\dfrac{5}{7}$ 　　　（山形）

- □(4)　$\dfrac{13}{12}\div\left(\dfrac{7}{6}-\dfrac{4}{9}\right)$ 　　　（愛知）

- □(5)　$-2^2+(-3)^2\times4$ 　　　（青森）

- □(6)　$-6^2\div4+(-2)^2$ 　　　（京都）

- □(7)　$(-2)^3+(-3^2)\div\dfrac{3}{4}$ 　　　（佐賀）

- □(8)　$\left(-\dfrac{1}{2}\right)^2\div\left(-\dfrac{1}{14}\right)+\dfrac{1}{2}$ 　　　（愛知）

- □(9)　$24\div(-6)+(-2)^2\times3$ 　　　（茨城）

基本チェックの答え

1　(1)　-5　　(2)　10　　(3)　-1　　(4)　1　　(5)　9　　(6)　14　　(7)　-10　　(8)　2　　(9)　5　　(10)　17

6 数と式

文字式

基本チェック

1 次の式を，文字式の表し方にしたがって表しなさい。

□(1)　$y \times 2 \times x$

□(2)　$(a-4) \times 3$

□(3)　$a \times a \times b$

□(4)　$x \div (-6)$

□(5)　$(x+2) \div 5$

□(6)　$a \times (-1) + b \div 4$

2 次の数量を表す式を書きなさい。

□(1)　1個 a 円のケーキを6個買ったときの代金

□(2)　周の長さが b cm の正方形の1辺の長さ

□(3)　c km の道のりを時速4 km で歩いたときにかかった時間

3 次の数量の関係を等式や不等式で表しなさい。

□(1)　200 g の x % の重さは y g である。

□(2)　50円の鉛筆^{えんぴつ} a 本と80円の色鉛筆 b 本を買って1000円出したら，おつりがあった。

1のポイント　　〈文字式の表し方〉

●かけ算の記号×ははぶく。

●文字と数の積は，数を文字の前に書く。

●同じ文字の積は，累乗^{るいじょう}の指数を使って表す。

●わり算では，記号÷を使わないで分数の形で書く。

$$a \div 3 = \frac{a}{3}\left(\text{または} \frac{1}{3}a\right)$$

考え方

1(1)　文字はふつうアルファベット順に書く。

(2)　かっこはそのまま残す。

(3)　aab としない。

(4)　$\dfrac{x}{-6}$ としない。

2のポイント　　〈文字式と数量〉

数量を，文字式の表し方にしたがって式にする。

考え方

2(1)　(代金)＝(1個の値段)×(個数)

(2)　(正方形の周の長さ)
　　　＝(1辺の長さ)×4　から考える。

(3)　(時間)＝(道のり)÷(速さ)

3のポイント　　〈等式・不等式の表し方〉

2つの数量の間の関係

●等しい…＝

●～より大きい，小さい(未満)…＞，＜

●以上，以下…≧，≦

考え方

3(1)　割合は，分数や小数で表す。

$$a\% \Rightarrow \frac{a}{100}(\text{または} 0.01a)$$

(2)　おつりがあったということは，
　　　(代金の合計)＜(出したお金)と考える。
　　　50円の鉛筆 a 本の代金→$50a$ (円)
　　　80円の色鉛筆 b 本の代金→$80b$ (円)

発展問題 ○

1 〔**文字式の表し方**〕次の式を，文字式の表し方にしたがって表しなさい。

□(1)　$a \times 7 + b \div 5$

□(2)　$(2a + b) \times 4$

□(3)　$(x + 2y) \div 9$

□(4)　$x \times x - y \times y \times y$

2 〔**文字式と数量**〕次の問いに答えなさい。

□(1)　1冊 x 円のノートを3冊と1本50円の鉛筆を5本買ったときの代金を，x を使った式で表しなさい。

□(2)　家から a m離れた駅まで分速75mで往復したとき，かかった時間を a を使った式で表しなさい。

□(3)　Aさんはテストで，1回目が a 点，2回目が b 点で，2回のテストの平均は80点であった。この数量の間の関係を，a，b を使った等式で表しなさい。

□(4)　a の3倍と b の4倍の和は35より大きい。この数量の間の関係を，a，b を使った不等式で表しなさい。

完成問題 ○

1 次の問いに答えなさい。

□(1)　1本 a 円のバラ3本と，1本 b 円のカーネーション7本を買って，3000円支払った。このとき，おつりを a，b を使った式で表しなさい。
(富山)

□(2)　片道が x kmの道のりを，行きは時速3kmで，帰りは時速4kmで歩いた。そのとき，往復するのにかかった時間を x を使って表しなさい。
(大分)

□(3)　a ％の食塩水200gに，b ％の食塩水300gを加えた食塩水500gにふくまれる食塩の量は何gか。a，b を用いて表しなさい。
(新潟)

□(4)　ある数 x，y があり，x を2倍して3を加えた数は，y より5大きくなる。x と y の関係を等式で表しなさい。
(秋田)

□(5)　1個150gの品物 x 個を y gのダンボール1箱につめて，10kg以下にする。この数量の関係を x，y を使った不等式で表しなさい。

基本チェックの答え

1 (1) $2xy$ (2) $3(a-4)$ (3) $a^2 b$ (4) $-\dfrac{x}{6}\left[-\dfrac{1}{6}x\right]$ (5) $\dfrac{x+2}{5}\left[\dfrac{1}{5}(x+2)\right]$ (6) $-a+\dfrac{b}{4}\left[-a+\dfrac{1}{4}b\right]$

2 (1) $6a$ (円) (2) $\dfrac{b}{4}$ (cm) $\left[\dfrac{1}{4}b \text{(cm)}\right]$ (3) $\dfrac{c}{4}$ (時間) $\left[\dfrac{1}{4}c \text{(時間)}\right]$ 3 (1) $200 \times \dfrac{x}{100} = y$ $[2x = y]$

(2) $50a + 80b < 1000$

7 式の計算①

基本チェック

1 次の計算をしなさい。

□(1) $3a-a$

□(2) $5x+2-3x-6$

□(3) $x^2-7x+2x^2+4x$

□(4) $-3a+2b-5+a-6b+4$

□(5) $2x-(x+3)$

□(6) $5x+3(x-1)$

□(7) $3x+4-2(x-1)$

□(8) $2x-5+\dfrac{1}{2}(6x+4)$

□(9) $\dfrac{x-2}{3}+\dfrac{x+1}{3}$

□(10) $\dfrac{x+3}{2}+\dfrac{2x-5}{3}$

1(1)～(4)のポイント　　〈同類項〉

● 文字の部分がまったく同じ項を同類項という。

● 同類項は，分配法則を使ってまとめることができる。

$$ax+bx=(a+b)x$$

考え方

1(1)　$3a-a=(3-1)a$

(2)　$5x+2-3x-6$　　　　項を並べかえる。
　　　　　　　　　　　　（符号も忘れずに）
　　$=5x-3x+2-6$

　　$5x+3x-2-6$ としないように。

(3)　$x^2-7x+2x^2+4x$　　x^2とxは次数が異なるから，
　　　　　　　　　　　　同類項ではない。
　　$=x^2+2x^2-7x+4x$

　　$x^2-2x^2+7x+4x$ としないように。

(4)　$-3a+2b-5+a-6b+4$
　　$=-3a+a+2b-6b-5+4$

1(5)～(10)のポイント　　〈かっこのはずし方〉

● $-(a+b)=-a-b$,　$-(a-b)=-a+b$

● $m(a+b)=ma+mb$

考え方

1(5)　かっこをはずして，同類項をまとめる。
　　$2x-(x+3)=2x-x-3$
　　　　　　　　　　　　　　　符号に注意。

　　$-(x+3)=-x+3$ としないように。

(6)　$3(x-1)=3x-3$

　　$3(x-1)=3x-1$ としないように。

(7)　$-2(x-1)=-2x+2$

(8)　$\dfrac{1}{2}(6x+4)=\dfrac{1}{2}\times6x+\dfrac{1}{2}\times4$

　　$=3x+2$

(9)　$\dfrac{x-2}{3}+\dfrac{x+1}{3}=\dfrac{(x-2)+(x+1)}{3}$

(10)　通分して，1つの分数にする。
　　$\dfrac{x+3}{2}+\dfrac{2x-5}{3}=\dfrac{3(x+3)+2(2x-5)}{6}$

発展問題

1 〔式の加減〕次の計算をしなさい。

□(1) $2a-3-7a+5$

□(2) $\dfrac{2}{3}x+4-\dfrac{1}{6}x$

同類項どうし
通分する。

□(3) $3(2a+1)+4(a-1)$

□(4) $2(x-5)-(3x-2)$

□(5) $5x-7y-(3x-2y)$

□(6) $2(a-b)-3(a+2b)$

□(7) $4\left(\dfrac{1}{2}x+y\right)+\dfrac{1}{3}(6x-9y)$

□(8) $\dfrac{2x+1}{3}-\dfrac{x+2}{4}$

完成問題

1 次の計算をしなさい。

□(1) $2(3a-1)-(a+2)$ （京都）

□(2) $3(a+9)-6(7-5a)$ （鹿児島）

□(3) $8a-7b-2(a+3b)$ （長野）

□(4) $2(x-3y)-3(-2x+y)$ （茨城）

□(5) $3(2x-y+2)+2(x+y-3)$ （香川）

□(6) $\dfrac{1}{3}(2x+5)-\dfrac{1}{6}(4x+3)$ （神奈川）

□(7) $6\left(\dfrac{1}{3}a-b\right)-\dfrac{1}{2}(2a-4b)$ （京都）

□(8) $\dfrac{x-2y}{2}-\dfrac{x+y}{5}$ （石川）

基本チェックの答え

1 (1) $2a$ (2) $2x-4$ (3) $3x^2-3x$ (4) $-2a-4b-1$ (5) $x-3$ (6) $8x-3$ (7) $x+6$ (8) $5x-3$

(9) $\dfrac{2x-1}{3}$ (10) $\dfrac{7x-1}{6}$

8 式の計算②

基本チェック

1 次の計算をしなさい。

□(1)　$2a \times 3b$

□(2)　$3a \times (-b^2)$

□(3)　$(-2x) \times (-4x^2)$

□(4)　$4a^2 \div a$

□(5)　$6x^2y \div (-3xy)$

□(6)　$(-8a^3) \div (-2a)^2$

□(7)　$9ab \times 4a \div 3b$

□(8)　$-12xy \div 6x \times 2x$

1(1)～(3)のポイント　　〈単項式の乗法〉

単項式の乗法は，数どうし，文字どうしをかける。

考え方

1(1)　$2a \times 3b = 2 \times 3 \times a \times b$

(2)　$3a \times (-b^2) = 3 \times (-1) \times a \times b^2$
$\underset{-b^2=(-1) \times b^2}{}$

(3)　$(-2x) \times (-4x^2)$
$\quad = (-2) \times (-4) \times \underline{x \times x^2}$　$x \times x \times x$

1(4)～(8)のポイント　　〈単項式の除法〉

単項式の除法は，分数の形にする。
⇨ 同じ文字どうしで約分する。

考え方

1(4)　$4a^2 \div a = \dfrac{4a^2}{a} = \dfrac{4 \times \overset{1}{\cancel{a}} \times a}{\underset{1}{\cancel{a}}}$

(5)　$6x^2y \div (-3xy) = -\dfrac{6x^2y}{3xy}$

$\qquad = -\dfrac{\overset{2}{\cancel{6}} \times \overset{1}{\cancel{x}} \times x \times \overset{1}{\cancel{y}}}{\underset{1}{\cancel{3}} \times \underset{1}{\cancel{x}} \times \underset{1}{\cancel{y}}}$

(6)　$(-8a^3) \div (-2a)^2 = (-8a^3) \div 4a^2$
$\qquad\qquad\underset{累乗は先に計算する。}{}$
$\qquad\qquad (-2a) \times (-2a)$

$\qquad = -\dfrac{\overset{2}{\cancel{8}} \times \overset{1}{\cancel{a}} \times \overset{1}{\cancel{a}} \times a}{\underset{1}{\cancel{4}} \times \underset{1}{\cancel{a}} \times \underset{1}{\cancel{a}}}$

(7)　$9ab \times 4a \div 3b = \dfrac{9ab \times 4a}{3b}$
$\qquad\quad \underset{分子に}{} \quad\quad \underset{分母に}{}$

(8)　$-12xy \div 6x \times 2x = -\dfrac{12xy \times 2x}{6x}$
$\qquad\qquad\qquad\quad \underset{答えの符号は先に決める。}{}$

発展問題

1 〔単項式の乗除〕次の計算をしなさい。

□(1) $7x \times (-2x)$

□(2) $(-a)^2 \times 4a$

□(3) $9a^2b \div 3ab$

□(4) $16a^3 \div (2a)^2$

□(5) $8xy \div \dfrac{2}{5}x$

□(6) $4ab \times (-3a) \div 6b$

□(7) $6ab^2 \times \left(-\dfrac{1}{3}a\right) \div \dfrac{2}{5}ab$

完成問題

1 次の計算をしなさい。

□(1) $(-4x) \times (-8x)$ (群馬)

□(2) $(-2a)^2 \times 3a$ (沖縄)

□(3) $8ab^2 \div (-4a^2b)$ (群馬)

□(4) $12a^2b^2 \div (-2a)^2$ (滋賀)

□(5) $8x^2 \times xy \div (-2x)$ (大分)

□(6) $12xy^2 \times \left(-\dfrac{3}{2}x\right) \div 3y$ (福井)

□(7) $\dfrac{8}{5}x^3 \div \left(-\dfrac{4}{15}x^2y\right) \times xy$ (佐賀)

基本チェックの答え

1 (1) $6ab$　(2) $-3ab^2$　(3) $8x^3$　(4) $4a$　(5) $-2x$　(6) $-2a$　(7) $12a^2$　(8) $-4xy$

9 式の計算③

基本チェック

1 次の計算をしなさい。

☐ (1) $a(a+2b)$

☐ (2) $2x(x-y)$

☐ (3) $(2a^2+3a)\div a$

☐ (4) $(6x^2y-4xy^2)\div 2x$

2 次の式を展開しなさい。

☐ (1) $(a+2)(b+3)$

☐ (2) $(a+3)(b-5)$

☐ (3) $(2x+1)(x+3)$

☐ (4) $(3x-2)(x+4)$

1(1)(2)のポイント　　〈多項式×単項式〉

多項式と単項式の乗法では，分配法則を使って
（　　　）をはずす。

$m(a+b)=ma+mb$

考え方

1(1) $a(a+2b)=a\times a+a\times 2b$

(2) $2x(x-y)=2x\times x+2x\times(-y)$
　　　すべての項に $2x$ をかけることを忘れないように。

1(3)(4)のポイント　　〈多項式÷単項式〉

多項式を単項式でわる計算では，分数の形にして
約分する。

考え方

1(3) $(2a^2+3a)\div a=\dfrac{2a^2}{a}+\dfrac{3a}{a}$

(4) $(6x^2y-4xy^2)\div 2x=\dfrac{6x^2y}{2x}-\dfrac{4xy^2}{2x}$

2のポイント　　〈式の展開〉

$(a+b)(c+d)=ac+ad+bc+bd$
を使って展開する。

考え方

2(1) $(a+2)(b+3)$　各項を順にかけ合わせる。

(2) $(a+3)(b-5)$　②，④は符号に注意して計算する。

(3) $(2x+1)(x+3)=2x^2+6x+x+3$
　　　同類項はまとめる。

(4) $(3x-2)(x+4)=3x^2+12x-2x-8$

発展問題

1 〔**多項式と単項式の乗除**〕次の計算をしなさい。

□(1) $(2a+b)\times 2a$

□(2) $(10x^2+15x)\div 5x$

□(3) $(-8x^2+4x)\div(-2x)$

□(4) $x(x+2)+2(x-4)$

同類項は
まとめる。

□(5) $(12x^2+9x)\div 3x-2x$

2 〔**式の展開**〕次の式を展開しなさい。

□(1) $(x+3)(3x+1)$

□(2) $(2a+b)(a-b)$

完成問題

1 次の計算をしなさい。

□(1) $(x-4y)\times 3x$ （北海道）

□(2) $(8x^2y-6xy^2)\div 2xy$ （富山）

□(3) $(-12a^2+9a)\div(-3a)$ （新潟）

□(4) $2(a-1)+a(a-1)$ （富山）

□(5) $(24a^2b-8ab)\div 6ab-4a$ （愛知）

2 次の式を展開しなさい。

□(1) $(x+4)(2x-1)$ （沖縄）

□(2) $(2x+y)(x+3y)$ （富山）

基本チェックの答え

1 (1) a^2+2ab (2) $2x^2-2xy$ (3) $2a+3$ (4) $3xy-2y^2$

2 (1) $ab+3a+2b+6$ (2) $ab-5a+3b-15$ (3) $2x^2+7x+3$ (4) $3x^2+10x-8$

10 式の計算④

基本チェック

1 次の式を展開しなさい。

□(1)　$(x+2)^2$

□(2)　$(a-3)^2$

□(3)　$(2x+3)^2$

□(4)　$(x+2)(x-2)$

□(5)　$(x+2)(x+3)$

□(6)　$(x+4)(x-1)$

□(7)　$(x-5)(x+2)$

□(8)　$(x-3)(x-4)$

1(1)〜(3)のポイント 〈乗法公式〉

①$(a+b)^2=a^2+2ab+b^2$
②$(a-b)^2=a^2-2ab+b^2$

考え方

1(1)　$(x+2)^2=x^2+2\times x\times 2+2^2$

(2)　$(a-3)^2=a^2-2\times a\times 3+3^2$

(3)　$(a+b)^2=a^2+2ab+b^2$ の a に $2x$, b に 3 を
代入する。
$(2x+3)^2=(2x)^2+2\times 2x\times 3+3^2$

1(4)のポイント 〈乗法公式〉

③$(a+b)(a-b)=a^2-b^2$

考え方

1(4)　$(x+2)(x-2)=x^2-2^2$

1(5)〜(8)のポイント 〈乗法公式〉

④$(x+a)(x+b)=x^2+(a+b)x+ab$

考え方

1(5)　a が 2, b が 3 のときだから,
　　$(x+2)(x+3)=x^2+(2+3)x+2\times 3$

(6)　a が 4, b が -1 のときだから,
　　$(x+4)(x-1)=x^2+(4-1)x+4\times(-1)$

　　4×1 としないように。

(7)　$(x-5)(x+2)$
　$=x^2+(-5+2)x+(-5)\times 2$

(8)　$(x-3)(x-4)$
　$=x^2+(-3-4)x+(-3)\times(-4)$

発展問題

1 〔式の展開〕次の計算をしなさい。

□(1) $(a+4)^2$

□(2) $(2x-y)^2$　2xをひとまとまりのものとみる。

□(3) $(x+6)(x-6)$

□(4) $(2x+3)(2x-3)$

□(5) $(a-4)(a-5)$

□(6) $(x+3)(x+1)-2(x+1)$　同類項をまとめることを忘れずに。

□(7) $(x+3)^2-(x+4)(x-4)$

完成問題

1 次の計算をしなさい。

□(1) $(x+2y)^2$　（広島）

□(2) $(2x+9)(2x-9)$　（広島）

□(3) $(x+3y)^2-6xy$　（和歌山）

□(4) $(x+2)(x-2)-x(x-3)$　（高知）

□(5) $(x+2)(x-8)+(x+3)^2$　（神奈川）

□(6) $(2x-3y)^2-2x(x-6y)$　（群馬）

□(7) $(3x-1)(3x+1)-(x-2)^2$　（大阪）

基本チェックの答え

1 (1) x^2+4x+4　(2) a^2-6a+9　(3) $4x^2+12x+9$　(4) x^2-4

(5) x^2+5x+6　(6) x^2+3x-4　(7) $x^2-3x-10$　(8) $x^2-7x+12$

11 因数分解

基本チェック

1 次の数を素因数分解しなさい。

□(1)　20　　　　　　□(2)　63

2 次の式を因数分解しなさい。

□(1)　$9x-6y$

□(2)　$2ax-4ay+8az$

3 次の式を因数分解しなさい。

□(1)　x^2+6x+9

□(2)　x^2-25

□(3)　x^2+x-6

□(4)　$x^2-8x+15$

1のポイント　　　　　　〈素因数分解〉

●自然数を素数の積として表すことを，素因数分解するという。

●素因数分解は，素数で順にわっていく(商が素数になるまで)。

考え方

1(1)　2)20　　　　　(2)　3)63　　　素数でわって
　　　　2)10　　　　　　　　3)21　　　いく。
　　　　　5　　　　　　　　　　7

2のポイント　　　　　　〈因数分解〉

多項式の各項に共通な因数があるときは，まず，共通な因数でくくる。

考え方

2(1)　$9x-6y=3\times3x-3\times2y$
　　　　　　　　└3が共通因数

(2)　$2ax-4ay+8az$
　　　$=2a\times x-2a\times2y+2a\times4z$

3のポイント　　　　　　〈因数分解の公式〉

①$a^2+2ab+b^2=(a+b)^2$
②$a^2-2ab+b^2=(a-b)^2$
③$a^2-b^2=(a+b)(a-b)$
④$x^2+(a+b)x+ab=(x+a)(x+b)$
乗法公式(22ページ)の逆である。

考え方

3(1)　公式①を使う。
　　　$6=2\times3,\ 9=3^2$ だから，
　　　$x^2+6x+9=x^2+2\times x\times3+3^2$

(2)　公式③を使う。
　　　$25=5^2$ だから，$x^2-25=x^2-5^2$

(3)　公式④で，積が -6，和が 1 となる 2 つの
　　　数を見つける。
　　　$x^2+x-6=x^2+(3-2)x+3\times(-2)$

(4)　公式④で，積が15，和が -8 となる 2 つの
　　　数を見つける。

発展問題

1 〔素因数分解〕48にできるだけ小さい自然数をかけて，ある数の2乗になるようにしたい。どんな数をかければよいか答えなさい。

48を素因数分解してみよう。

2 〔因数分解〕次の式を因数分解しなさい。

(1) $x^2+16x+64$

(2) $4x^2-49$

$4x^2=(2x)^2$

(3) $x^2-7x-30$

(4) $(x-5)(x+3)+7$

一度展開する。

(5) $3x^2-12$

まず，共通因数でくくる。

完成問題

1 $\dfrac{56}{5}$ にできるだけ小さい自然数 n をかけてできた数が，ある整数の2乗になるようにしたい。この自然数 n を求めなさい。 (静岡)

2 次の式を因数分解しなさい。

(1) $49x^2-25y^2$ （北海道）

(2) $x^2-3x-28$ （千葉）

(3) $(x-4)(x+4)+6x$ （神奈川）

(4) $9x^2-45x+54$ （香川）

(5) $2a^2b+8ab+8b$ （新潟）

12 文字式の利用，等式の変形

基本チェック

1 偶数と奇数の和について，次の問いに答えなさい。

□(1)　m，n を整数とするとき，次の□をうめなさい。

偶数は，$^{ア}\boxed{}m$

奇数は，$^{イ}\boxed{}n+1$

と表すことができる。

□(2)　(1)より，偶数と奇数の和は奇数であることを次のように説明した。□をうめなさい。

$^{ア}\boxed{}m+(^{イ}\boxed{}n+1)$

$=^{ウ}\boxed{}(m+n)+^{エ}\boxed{}$

ここで，$m+n$ は整数だから，

この整数は $^{オ}\boxed{}$ を表している。

よって，偶数と奇数の和は奇数である。

2 次の等式を，〔　　〕の中の文字について解きなさい。

□(1)　$x=yz$　〔y〕

□(2)　$3a+2b=5$　〔b〕

□(3)　$x=4y+1$　〔y〕

1のポイント　　〈偶数・奇数の表し方〉

偶数は　$2\times(整数)$
奇数は　$2\times(整数)+1$

考え方

1　偶数は 2 でわり切れる数，奇数は 2 でわり切れない数である。奇数は $2n-1$ と表すこともできる。

「偶数と奇数の和」というようなときの偶数と奇数は，連続した数とは限らないから，m と n など別の文字を用いて表す。

なお，連続する 2 つの整数は，n を整数として，n，$n+1$（または $n-1$，n）などと表す。

2のポイント　　〈～について解く〉

$x+y=z$ ……① を $y=\boxed{}$ の形に変形することを，①を y について解くという。

考え方

2(1)　両辺を入れかえて，

$yz=x$

z を定数と考えて，両辺を z でわる。

(2)　$3a$ を移項する。

$2b=-3a+5$

(3)　両辺を入れかえて，

$4y+1=x$

1 を移項する。

発展問題

1 〔**文字式を用いた説明**〕2つの続いた正の整数がある。小さいほうの整数を9でわると，商がnで，余りが4となる。次の問いに答えなさい。

□(1)　小さいほうの整数をnを用いた式で表すとき，次の□をうめなさい。

$$\boxed{}\,n+4$$

□(2)　大きいほうの整数をnを用いた式で表しなさい。

□(3)　この2つの整数の和が9の倍数になることを，(1)，(2)で表した式を用いて説明しなさい。　*9×(整数) の式を導く。*

2 〔**等式の変形**〕次の等式を，〔　　〕の中の文字について解きなさい。

□(1)　$5x-2y=3$　〔y〕

□(2)　$a=3(b+c)$　〔b〕

完成問題

□**1** 連続する3つの整数がある。もっとも大きい数と中央の数との積から，中央の数ともっとも小さい数との積をひいた差は，中央の数の2倍になる。このことを，もっとも小さい数をnとし，式を用いて説明しなさい。

(栃木)

□**2** 2つの続いた正の整数がある。小さいほうの整数を5でわると，商がnで余りが2となるとき，この2つの整数の和が5の倍数になるわけを説明しなさい。

(宮城)

3 次の等式を，〔　　〕の中の文字について解きなさい。

□(1)　$2x-7y=5$　〔y〕　　(沖縄)

□(2)　$m=\dfrac{a+3b}{4}$　〔b〕　　(青森)

基本チェックの答え

1 (1) ア…2　イ…2　(2) ア…2　イ…2　ウ…2　エ…1　オ…奇数

2 (1) $y=\dfrac{x}{z}$　(2) $b=\dfrac{-3a+5}{2}$　(3) $y=\dfrac{x-1}{4}$

13 数と式

平方根①

基本チェック

1 次の各組の数の大小を，不等号を用いて表しなさい。

☐(1)　3，$\sqrt{10}$

☐(2)　$\sqrt{0.4}$，0.4

☐(3)　$\sqrt{0.2}$，$\dfrac{1}{2}$

2 次の数を $\sqrt{a}$ の形に表しなさい。

☐(1)　$2\sqrt{2}$

☐(2)　$3\sqrt{5}$

3 次の数を $a\sqrt{b}$ の形に表しなさい。

☐(1)　$\sqrt{24}$

☐(2)　$\sqrt{45}$

☐(3)　$\sqrt{72}$

☐**4** $\sqrt{a}<3$ となる自然数 a のうち，もっとも大きい数を求めなさい。

1のポイント　　　　〈平方根の大小〉

$a>0$，$b>0$ で
$a<b$ ならば，$\sqrt{a}<\sqrt{b}$

考え方

1 根号をふくむ数とふくまない数の大小は，それぞれの数を2乗して比べるとよい。

(1)　$3^2=9$，$(\sqrt{10})^2=10$，$9<10$

(2)　$(\sqrt{0.4})^2=0.4$，$0.4^2=0.16$，$0.4>0.16$

(3)　$(\sqrt{0.2})^2=0.2$，$\left(\dfrac{1}{2}\right)^2=\dfrac{1}{4}=0.25$，$0.2<0.25$

2のポイント　　　　〈平方根の変形〉

$a>0$，$b>0$ のとき
$a\sqrt{b}=\sqrt{a^2\times b}$

考え方

2(1)　$2\sqrt{2}=\sqrt{2^2}\times\sqrt{2}$　　　$a>0$ のとき
　　　　　$=\sqrt{2^2\times2}$　　　　　$a=\sqrt{a^2}$

(2)　$3\sqrt{5}=\sqrt{3^2}\times\sqrt{5}=\sqrt{3^2\times5}$

3のポイント　　　　〈平方根の変形〉

$a>0$，$b>0$ のとき
$\sqrt{a^2\times b}=a\sqrt{b}$

考え方

3 $\sqrt{}$ の中を $\sqrt{a^2\times b}$ の形に変形する。

(1)　$\sqrt{24}=\sqrt{4\times6}=\sqrt{2^2\times6}$　　　$\sqrt{a^2\times b}=a\sqrt{b}$

(3)　$\sqrt{72}=\sqrt{9\times8}$
　　　　　$=\sqrt{3^2\times2^3}$
　　　　　$=\sqrt{3^2\times2^2\times2}$

4 $\sqrt{a}<3$ より，$(\sqrt{a})^2<3^2$
　　よって，$a<9$ をみたすもっとも大きい自然数 a を求める。

〔参考〕　$\sqrt{a}<3$ で，$\sqrt{a}$ も3も正の数であるから，$(\sqrt{a})^2<3^2$ と両辺を2乗しても，不等号の向きは変わらない。$-5<-2$ のように，負の数の場合は，$(-5)^2=25$，$(-2)^2=4$ だから，$(-5)^2>(-2)^2$ となり，2乗した数の大小の不等号の向きは，逆になる。

発展問題

1 〔平方根の大小〕次の各組の数の大小を, 不等号を用いて表しなさい。

□(1) 6, $\sqrt{35}$

□(2) $\sqrt{0.5}$, 0.5

□(3) $\sqrt{6}$, $2\sqrt{2}$

2 〔平方根の性質〕次の問いに答えなさい。

□(1) $4<\sqrt{a}$ となる自然数 a のうち, もっとも小さい数を求めなさい。

□(2) $\sqrt{50}$ より小さい正の整数は全部で何個あるか答えなさい。

完成問題

1 次の各組の数を, 小さいほうから順に並べなさい。

□(1) $2\sqrt{3}$, 5, $3\sqrt{2}$, 2π

ただし, π は円周率である。 (愛知)

□(2) $\dfrac{1}{3}$, $\sqrt{0.3}$, 0.3 (長野)

2 次の問いに答えなさい。

□(1) $2\sqrt{7}$ より小さい正の整数をすべてあげなさい。 (宮城)

□(2) $2<\sqrt{a}<3$ を満たす整数 a は全部で何個あるか答えなさい。 (栃木)

□(3) $\sqrt{3}$ より大きく, $\sqrt{30}$ より小さい整数は全部で何個あるか答えなさい。 (沖縄)

14 数と式

平方根②

基本チェック

1 次の計算をしなさい。

□(1) $\sqrt{5} \times \sqrt{15}$

□(2) $\sqrt{2} \times \sqrt{12}$

□(3) $\sqrt{30} \div \sqrt{6}$

2 次の数を分母に根号をふくまない形にしなさい。

□(1) $\dfrac{2}{\sqrt{3}}$

□(2) $\dfrac{\sqrt{2}}{\sqrt{5}}$

3 次の計算をしなさい。

□(1) $3\sqrt{2} + 4\sqrt{2}$

□(2) $6\sqrt{3} - 2\sqrt{3}$

□(3) $\sqrt{5} + \sqrt{20}$

□(4) $\sqrt{2} - \sqrt{18}$

□(5) $3\sqrt{6} - \sqrt{24} + \sqrt{3}$

1のポイント　　　　〈平方根の積・商〉

$a > 0$，$b > 0$ とするとき

● $\sqrt{a} \times \sqrt{b} = \sqrt{ab}$　　● $\dfrac{\sqrt{a}}{\sqrt{b}} = \sqrt{\dfrac{a}{b}}$

● $\sqrt{a^2 b} = a\sqrt{b}$

$\sqrt{\ }$ の中の数は，できるだけ簡単な数にする。

考え方

1(1)　$\sqrt{5} \times \sqrt{15} = \sqrt{5 \times 15} = \sqrt{5 \times 5 \times 3}$

(2)　$\sqrt{2} \times \sqrt{12} = \sqrt{2} \times 2\sqrt{3} = 2 \times \sqrt{2} \times \sqrt{3}$
$= 2 \times \sqrt{2 \times 3}$
　または，$\sqrt{2} \times \sqrt{12} = \sqrt{2 \times 12} = \sqrt{2 \times 2^2 \times 3}$

(3)　$\sqrt{30} \div \sqrt{6} = \dfrac{\sqrt{30}}{\sqrt{6}} = \sqrt{\dfrac{30}{6}}$

2のポイント　　　〈分母に根号をふくまない形〉

分母に根号があるとき，分母と分子に同じ数をかけて，分母に根号をふくまない形にする。

考え方

2(1)　$\dfrac{2}{\sqrt{3}} = \dfrac{2 \times \sqrt{3}}{\sqrt{3} \times \sqrt{3}}$

(2)　$\dfrac{\sqrt{2}}{\sqrt{5}} = \dfrac{\sqrt{2} \times \sqrt{5}}{\sqrt{5} \times \sqrt{5}}$

3のポイント　　　　〈平方根の加法・減法〉

$m\sqrt{a} + n\sqrt{a} = (m+n)\sqrt{a}$

$\sqrt{\ }$ の中の数が同じときは，まとめて簡単にできる。

考え方

3(1)　$3\sqrt{2} + 4\sqrt{2} = (3+4)\sqrt{2}$

(2)　$6\sqrt{3} - 2\sqrt{3} = (6-2)\sqrt{3}$

(3)　$\sqrt{20} = 2\sqrt{5}$ より，
$\sqrt{5} + \sqrt{20} = \sqrt{5} + 2\sqrt{5} = (1+2)\sqrt{5}$

(4)　$\sqrt{18} = 3\sqrt{2}$ より，
$\sqrt{2} - \sqrt{18} = \sqrt{2} - 3\sqrt{2} = (1-3)\sqrt{2}$

(5)　$\sqrt{24} = 2\sqrt{6}$ より，
$3\sqrt{6} - \sqrt{24} + \sqrt{3} = 3\sqrt{6} - 2\sqrt{6} + \sqrt{3}$
$\sqrt{6}$ と $\sqrt{3}$ はまとめられないことに注意。

発展問題

1 〔**平方根の計算**〕次の計算をしなさい。

- □(1) $\sqrt{18} \times \sqrt{20}$

- □(2) $\sqrt{12} \times 3\sqrt{6} \div \sqrt{2}$

- □(3) $3\sqrt{7} + \sqrt{28}$

- □(4) $\sqrt{27} - \sqrt{3}$

- □(5) $2\sqrt{3} - \sqrt{48} + \sqrt{3}$

- □(6) $\dfrac{1}{\sqrt{2}} + \sqrt{8}$

  まず，分母に根号をふくまない形にする。

- □(7) $\sqrt{10} - \dfrac{\sqrt{2}}{\sqrt{5}}$

完成問題

1 次の計算をしなさい。

- □(1) $\sqrt{24} \times \sqrt{18} \div \sqrt{3}$　　　　（愛知）

- □(2) $\sqrt{27} + 6\sqrt{3}$　　　　（大阪）

- □(3) $\sqrt{72} - 2\sqrt{50}$　　　　（新潟）

- □(4) $\sqrt{48} - \sqrt{12} + \sqrt{27}$　　　　（千葉）

- □(5) $\sqrt{3} \times \sqrt{24} - \sqrt{18}$　　　　（島根）

- □(6) $\sqrt{45} - \dfrac{10}{\sqrt{5}}$　　　　（石川）

- □(7) $\sqrt{24} - \dfrac{2\sqrt{2}}{\sqrt{3}}$　　　　（山口）

基本チェックの答え

1 (1) $5\sqrt{3}$　　(2) $2\sqrt{6}$　　(3) $\sqrt{5}$　　2 (1) $\dfrac{2\sqrt{3}}{3}$　　(2) $\dfrac{\sqrt{10}}{5}$

3 (1) $7\sqrt{2}$　　(2) $4\sqrt{3}$　　(3) $3\sqrt{5}$　　(4) $-2\sqrt{2}$　　(5) $\sqrt{6} + \sqrt{3}$

15 平方根③

基本チェック

1 次の計算をしなさい。

□(1)　$\sqrt{2}(3+\sqrt{2})$

□(2)　$\sqrt{3}(\sqrt{5}-\sqrt{2})$

□(3)　$(\sqrt{3}+2)(2\sqrt{3}+1)$

□(4)　$(3\sqrt{2}+1)(\sqrt{2}-3)$

□(5)　$(\sqrt{2}+1)^2$

□(6)　$(\sqrt{3}-2)^2$

□(7)　$(\sqrt{5}+2)(\sqrt{5}-2)$

□(8)　$(\sqrt{6}+1)(\sqrt{6}-3)$

1(1)(2)のポイント　　　　〈分配法則〉

$$m(a+b)=ma+mb$$

考え方

1(1)　$\sqrt{2}(3+\sqrt{2})=\sqrt{2}\times3+(\sqrt{2})^2$

(2)　$\sqrt{3}(\sqrt{5}-\sqrt{2})=\sqrt{3}\times\sqrt{5}-\sqrt{3}\times\sqrt{2}$

1(3)(4)のポイント　　　　〈式の展開〉

$$(a+b)(c+d)=ac+ad+bc+bd$$

考え方

1(3)　$(\sqrt{3}+2)(2\sqrt{3}+1)$
　　　$=\sqrt{3}\times2\sqrt{3}+\sqrt{3}\times1+2\times2\sqrt{3}+2\times1$
　　　$=2\times(\sqrt{3})^2+\sqrt{3}+4\sqrt{3}+2$

> 右の乗法公式①〜④は使えない。

(4)　$(3\sqrt{2}+1)(\sqrt{2}-3)$
　　　$=3\sqrt{2}\times\sqrt{2}+3\sqrt{2}\times(-3)+1\times\sqrt{2}+1\times(-3)$
　　　$=3\times(\sqrt{2})^2-9\sqrt{2}+\sqrt{2}-3$

1(5)〜(8)のポイント　　　　〈乗法公式①〜④〉

①$(a+b)^2=a^2+2ab+b^2$
②$(a-b)^2=a^2-2ab+b^2$
③$(a+b)(a-b)=a^2-b^2$
④$(x+a)(x+b)=x^2+(a+b)x+ab$

考え方

1(5)　$(\sqrt{2}+1)^2=(\sqrt{2})^2+2\times\sqrt{2}\times1+1^2$

(6)　$(\sqrt{3}-2)^2=(\sqrt{3})^2-2\times\sqrt{3}\times2+2^2$

(7)　$(\sqrt{5}+2)(\sqrt{5}-2)=(\sqrt{5})^2-2^2$

(8)　$(\sqrt{6}+1)(\sqrt{6}-3)$
　　　$=(\sqrt{6})^2+(1-3)\sqrt{6}+1\times(-3)$

発展問題

1 〔式の展開〕次の計算をしなさい。

☐ (1) $\sqrt{3}(\sqrt{8}-\sqrt{2})$

☐ (2) $2\sqrt{3}(\sqrt{6}+1)-6\sqrt{2}$

☐ (3) $(2\sqrt{3}-1)(\sqrt{3}+4)$

☐ (4) $(2\sqrt{5}-1)^2$

☐ (5) $(7+4\sqrt{3})(7-4\sqrt{3})$

☐ (6) $(\sqrt{6}+1)^2-1$

☐ (7) $(2\sqrt{2}-1)^2+\sqrt{2}$

完成問題

1 次の計算をしなさい。

☐ (1) $\sqrt{3}(\sqrt{6}+\sqrt{3})-\sqrt{8}$ （秋田，佐賀）

☐ (2) $\sqrt{2}(\sqrt{50}-\sqrt{3})-\sqrt{3}(\sqrt{48}-\sqrt{2})$ （愛知）

☐ (3) $(2\sqrt{3}+\sqrt{5})(2\sqrt{3}-\sqrt{5})$ （香川）

☐ (4) $(\sqrt{3}-\sqrt{2})^2-\sqrt{24}$ （山形）

☐ (5) $(\sqrt{8}+4)(\sqrt{8}-3)+\dfrac{8}{\sqrt{2}}$ （愛媛）

☐ (6) $(2\sqrt{5}-1)^2-(6-4\sqrt{5})$ （愛知）

☐ (7) $(\sqrt{3}+\sqrt{7})(\sqrt{3}-\sqrt{7})+(\sqrt{3}+1)^2$ （大阪）

16 数と式

式の値

1 次の問いに答えなさい。

□(1) $a=3$ のとき，a^2-2a の値を求めなさい。

□(2) $x=-2$ のとき，x^2+6x+9 の値を求めなさい。

□(3) $x=4$，$y=-1$ のとき，x^2+3xy の値を求めなさい。

□(4) $x=\sqrt{2}+2$ のとき，x^2-4x+4 の値を求めなさい。

---

1 のポイント 〈式の値の求め方〉

● 代入する式を因数分解しておくと，計算が簡単になるときがある。

● 式が複雑になるほど，因数分解してから代入したほうが，計算が簡単になるので，ミスが防げる。

考え方

1(1) 直接代入すると，
$$a^2-2a=3^2-2\times3$$
$$=9-6$$
因数分解を利用すると，
$$a^2-2a=a(a-2)$$
$$=3\times(3-2)$$
$$=3\times1$$

(2) 直接代入すると，
$$x^2+6x+9$$
$$=(-2)^2+6\times(-2)+9$$
$$=4-12+9$$
因数分解を利用すると，
$$x^2+6x+9=(x+3)^2$$
$$=(-2+3)^2$$

負の数を代入するときは，（　）をつける。

(3) 直接代入すると，
$$x^2+3xy$$
$$=4^2+3\times4\times(-1)$$
$$=16-12$$
因数分解を利用すると，
$$x^2+3xy=x(x+3y)$$
$$=4\times\{4+3\times(-1)\}$$
$$=4\times(4-3)$$

(4) 直接代入すると，
$$x^2-4x+4$$
$$=(\sqrt{2}+2)^2-4(\sqrt{2}+2)+4$$
$$=2+4\sqrt{2}+4-4\sqrt{2}-8+4$$
因数分解を利用すると，
$$x^2-4x+4=(x-2)^2$$
$$=(\sqrt{2}+2-2)^2$$
$$=(\sqrt{2})^2$$

発展問題

1 〔式の値〕次の式の値を求めなさい。

□(1)　$x=4$ のとき，x^2-5x の値

□(2)　$a=-3$ のとき，$a^2+9a+20$ の値

□(3)　$x=2$，$y=-3$ のとき，$xy+y^2$ の値

□(4)　$a=2.6$，$b=0.4$ のとき，a^2-b^2 の値

□(5)　$x=\sqrt{5}-1$ のとき，x^2+2x+1 の値

□(6)　$x=\sqrt{7}+1$，$y=\sqrt{7}-1$ のとき，x^2y-xy の値

完成問題

1 次の式の値を求めなさい。

□(1)　$a=-2$ のとき，$2a^2+7a$ の値　　（福岡）

□(2)　$a=-8$ のとき，a^2+4a-5 の値　　（千葉）

□(3)　$a=-2$，$b=4$ のとき，a^2+2ab の値

（富山）

□(4)　$x=2.4$，$y=0.2$ のとき，x^2-4y^2 の値

（滋賀）

□(5)　$x=2\sqrt{3}+1$ のとき，x^2-2x+1 の値

（愛知）

□(6)　$a=\sqrt{5}+\sqrt{3}$，$b=\sqrt{5}-\sqrt{3}$ のとき，
　　　a^2-b^2 の値　　　　　　　（秋田）

基本チェックの答え

1　(1)　3　　(2)　1　　(3)　4　　(4)　2

17 数の世界の広がり

基本チェック

1 マラソン大会のコースの距離をはかり，10m未満を四捨五入して測定値6500mを得た。次の問いに答えなさい。

☐(1) 真の値を a として，a の値の範囲を，不等号を使って表しなさい。

☐(2) 誤差の絶対値として考えられる最も大きい数を答えなさい。

2 ある学校の50mプールに入る水の体積を調べると，1870m³であった。このときの有効数字を1，8，7の3けたとして，この体積を（整数部分が1けたの数）×（10の累乗）の形に表しなさい。

3 次の ▢ の中の数を，右の図のA〜Dのどこに入るかで分けなさい。

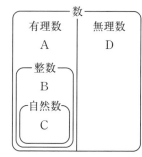

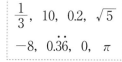

$\dfrac{1}{3}$，10，0.2，$\sqrt{5}$

-8，$0.\overset{\cdot}{3}\overset{\cdot}{6}$，0，$\pi$

☐(1) Cに入る数

☐(2) Bに入る数

☐(3) Aに入る数

☐(4) Dに入る数

1のポイント 〈近似値と誤差〉

測定値（近似値）と真の値との差を誤差という。
誤差＝近似値−真の値

考え方

1(1) 四捨五入し，がい数で表すのと同じ考え方である。6494mは真の値になりえず，6495mは真の値になりうる。

(2) (1)で考えた通り，考えられる真の値は，6495m以上6505m未満で，6505mはふくまれないので，6500−6495（m）で求められる。

2のポイント 〈有効数字〉

4210mの有効数字を4，2，1の3けたとすると，

有効数字
$\overset{\frown}{4.21}×10^{3}\text{m}$ と表せる。

（整数部分が1けたの数）×（10の累乗）

考え方

2 1870＝1.87×1000 と表せるので，1000を10の累乗で表せばよい。

3のポイント 〈数の広がり〉

自然数…1，2，3，…
整数…0，−1，1，−2，2，…
有理数…分数で表すことのできる数
無理数…循環しない無限小数（$\sqrt{2}$，π など）
●0.333…や0.157157…のように，同じ数字の並びが限りなくくり返される小数を循環小数といい，$0.\overset{\cdot}{3}$や$0.\overset{\cdot}{1}5\overset{\cdot}{7}$など・をつけて表すことがある。

考え方

3 $0.\overset{\cdot}{3}\overset{\cdot}{6}$＝0.3636…のような循環小数は，分数で表せる。

発展問題

□ **1** 〔**近似値**〕ある木の幹の太さをはかり，0.1m未満を四捨五入すると2.7mという測定値を得た。真の値をaとして，aの値の範囲を不等号を使って表しなさい。

□ **2** 〔**有効数字**〕ある湖の周囲の長さをはかったら，15900mであった。このときの有効数字を1，5，9，0の4けたとして，この長さを（整数部分が1けたの数）×（10の累乗）の形に表しなさい。

□ **3** 〔**有理数と無理数**〕次の数のうち，無理数であるものをすべて選びなさい。

$$-\frac{1}{5}, \quad 0.\dot{3}, \quad \sqrt{6}, \quad \pi, \quad 1.414, \quad \frac{\sqrt{2}}{3}, \quad \sqrt{9}$$

$0.\dot{3}=0.333\cdots$

完成問題

□ **1** 次の数を小数になおしたときについて，答えなさい。

$$\frac{3}{4}, \quad \frac{5}{9}, \quad 2\sqrt{2}, \quad \frac{\sqrt{5}}{6}, \quad \frac{6}{7}, \quad -\frac{2}{5}$$

□(1)　有限小数になるものを答えなさい。

□(2)　循環小数になるものを答えなさい。

□(3)　循環しない無限小数になるものを答えなさい。

□ **2** 循環小数$0.\dot{3}\dot{5}$を分数で表すために，次のような手順で考えた。□をうめなさい。

（手順）　$x=0.\dot{3}\dot{5}$とおくと，

$100x=35.353535\cdots\cdots$ 　　……①

$x=0.353535\cdots\cdots$ 　　……②

①－②より，$99x=$^ア□

よって，$x=\dfrac{\overset{イ}{\boxed{}}}{99}$

つまり，$0.\dot{3}\dot{5}=$^ウ□

---

18 1次方程式

基本チェック

1 次の1次方程式を解きなさい。

☐ (1) $2x-5=3$

☐ (2) $2x=9-x$

☐ (3) $x+5=3x+9$

☐ (4) $2(x+1)=x$

☐ (5) $\dfrac{1}{3}x+\dfrac{1}{6}=\dfrac{1}{2}$

☐ (6) $0.5x-1.2=0.3x$

2 次の比の値を求めなさい。

☐ (1) $7:9$

☐ (2) $8:12$

3 次の比例式を解きなさい。

☐ (1) $2:3=6:x$

☐ (2) $4:7=2x:21$

1(1)〜(3)のポイント　〈1次方程式の解き方①〉

1．移項して，$ax=b$ の形にする。

2．両辺を x の係数 a でわる。⇒ $x=\dfrac{b}{a}$

考え方

1(1) $2x-5=3$ 　　−5を移項する。

$2x=3+5$

$2x=8$ ──移項すると，符号が変わる。

両辺を2でわる。

(3) $x+5=3x+9$ 　　5と3xを移項する。

$x-3x=9-5$

$-2x=4$ 　両辺を−2でわる。

1(4)〜(6)のポイント　〈1次方程式の解き方②〉

●分配法則を用いて，（　）をはずす。

$m(a+b)=ma+mb$

●係数に分数をふくむとき，両辺に分母の最小公倍数をかけて，分母をはらう。

●係数に小数をふくむとき，両辺に適当な数をかけて，小数をふくまない形にする。

考え方

1(4) $2(x+1)=x$ 　　$m(a+b)$

$2x+2=x$ 　　　$=ma+mb$

(5) $\dfrac{1}{3}x+\dfrac{1}{6}=\dfrac{1}{2}$

両辺に6をかけて，$\left(\dfrac{1}{3}x+\dfrac{1}{6}\right)\times6=\dfrac{1}{2}\times6$

(6) $0.5x-1.2=0.3x$

両辺に10をかけて，$5x-12=3x$

23のポイント　〈比の値・比例式の性質〉

●$a:b$ の比の値は $\dfrac{a}{b}$ である。

●$a:b=m:n$ ならば

$an=bm$ 　　（外側の項の積）＝（内側の項の積）

考え方

2(2) $8:12$ の比の値は，$\dfrac{8}{12}$ を約分する。

3(1) $2\times x=3\times6$ 　　比の値も利用できる。

(2) $7\times2x=4\times21$ 　　(1) $\dfrac{2}{3}=\dfrac{6}{x}$

発展問題

1 〔**1次方程式**〕次の1次方程式を解きなさい。

□(1)　$3x-8=4x+3$

□(2)　$4(x-3)=x$

□(3)　$2-(3x+1)=10$

□(4)　$\dfrac{x+2}{4}=x+5$

□(5)　$0.3x+0.7=0.6x-0.8$

2 〔**比の値**〕次の比の値を求めなさい。

□(1)　$75:125$

□(2)　$\dfrac{3}{4}:\dfrac{1}{8}$

3 〔**比例式**〕次の比例式を解きなさい。

□(1)　$x:3.6=4:9$

□(2)　$12:(x-1)=2:3$

完成問題

1 次の1次方程式を解きなさい。

□(1)　$5x+13=6-2x$　　　　　（熊本）

□(2)　$x-9=3x+1$　　　　　（東京）

□(3)　$6x-(2x-5)=11$　　　　　（青森）

□(4)　$4-3x=2(5-x)$　　　　　（大阪）

□(5)　$\dfrac{1}{2}x-1=\dfrac{x-2}{5}$　　　　　（徳島）

□(6)　$\dfrac{x+4}{2}=-\dfrac{2x+1}{3}$　　　　　（群馬）

2 次の比例式を解きなさい。

□(1)　$(2x+1):6=3:4$　　　　　（茨城）

□(2)　$\dfrac{3}{4}:x=9:16$

19 1次方程式の応用

基本チェック

1 あめを何人かの子どもに分ける。1人に4個ずつ分けると10個余り，1人に6個ずつ分けると4個たりない。次の問いに答えなさい。

□(1) 子どもの人数を x 人として，方程式をつくりなさい。

□(2) (1)の方程式を解き，子どもの人数を求めなさい。

□**2** 池の周りに1周1.8kmの道がある。この道をAさんは毎分80mの速さで歩き，Bさんは毎分220mの速さの自転車で進むものとする。この道をAさんとBさんが同じ地点から，同時に反対の向きに進むとき，2人が出発してから初めて出会うのは何分後か求めなさい。

□**3** 酢とオリーブオイルを3：5の体積の比で混ぜてつくるドレッシングがある。酢が75mLのとき，オリーブオイルを何mL混ぜればよいか求めなさい。

1のポイント 〈1次方程式の文章題〉

1．問題文から，数量の関係を見つける。
2．わからない数量を x として方程式をつくり，解く。

考え方

1(1) 2通りのあめの分け方から，あめの個数と子どもの人数の関係は，次のようになる。

(あめの個数)＝4×(人数)＋10 ⎫
(あめの個数)＝6×(人数)−4 ⎭

問題文から数量の関係を見つける。

(2) (1)でつくった方程式から，

$4x−6x＝−4−10$

$−2x＝−14$ 方程式を解き，解が問題にあっているかどうか調べて答える。

2のポイント 〈速さ，道のり，時間の関係〉

●(道のり)＝(速さ)×(時間)

●(速さ)＝$\dfrac{(道のり)}{(時間)}$　　●(時間)＝$\dfrac{(道のり)}{(速さ)}$

考え方

2 2人が出発してから初めて出会うまでに x 分かかったとして，方程式をつくる。

$\begin{pmatrix}Aさんの進\\んだ道のり\end{pmatrix}＋\begin{pmatrix}Bさんの進\\んだ道のり\end{pmatrix}＝\begin{pmatrix}池の周りの道\\1周の道のり\end{pmatrix}$

単位はmにそろえる。

$80×x＋220×x＝1800$

3のポイント 〈比例式〉

わからない数量を x として比例式をつくり，比例式の性質を使って解く。

考え方

3 混ぜるオリーブオイルの量を x mLとして，比例式をつくる。

(酢の量)：(オリーブオイルの量)＝3：5だから，

$75：x＝3：5$

$x×3＝75×5$

発展問題

1 〔余りと不足についての問題〕鉛筆を何人かの子どもに分ける。1人に3本ずつ分けると6本余り，1人に4本ずつ分けると12本たりない。次の問いに答えなさい。

□(1)　子どもの人数を x 人として，方程式をつくり，子どもの人数を求めなさい。

□(2)　鉛筆の本数を求めなさい。

□**2** 〔速さ，道のり，時間についての問題〕
　Aさんが家から2km離れた学校に向かって家を出発した。その10分後に母親は，Aさんの忘れ物に気づき，自転車で同じ道を追いかけた。Aさんが分速70m，母親が分速210mで進むとき，母親がAさんに追いつくのは，母親が家を出発してから何分後か求めなさい。

□**3** 〔比例式の文章題〕料理の本に，酢60mLとサラダ油75mLを混ぜてつくるドレッシングのつくり方がのっていた。サラダ油が50mLしかないとき，同じ味のドレッシングをつくるには，酢を何mL混ぜればよいか求めなさい。

完成問題

□**1** クラス会の費用を集めるのに全体で800円余る予定で一人1700円ずつ集めたが，予定よりも全体で8000円多く費用がかかったので，一人300円を追加して集めたところ，ちょうど支払うことができた。このとき，クラス会でかかった費用は全部で何円か求めなさい。

（愛知）

□**2** Aさんが，4km離れた駅に向かって自転車で家を出発した。父親は，Aさんの忘れ物に気づき，Aさんが家を出てから10分後に家を出発して，同じ道を車で追いかけた。Aさんが自転車で走る速さを毎時15km，父親の車の速さを毎時45kmとするとき，父親がAさんに追いつくのは，家から何kmのところか求めなさい。

（愛知）

20 方程式
連立方程式

1 次の連立方程式を加減法で解きなさい。

□(1) $\begin{cases} x-y=15 \\ 3x+y=9 \end{cases}$

□(2) $\begin{cases} x+2y=6 \\ 2x+3y=8 \end{cases}$

2 次の連立方程式を代入法で解きなさい。

□(1) $\begin{cases} x=5-2y \\ 3x-2y=7 \end{cases}$

□(2) $\begin{cases} 3x-y=6 \\ y=x-4 \end{cases}$

1のポイント　　〈加減法〉

1つの文字の係数の絶対値をそろえて，2つの式を加減して解く。

考え方

1(1) $\begin{cases} x-y=15 & \cdots\cdots① \\ 3x+y=9 & \cdots\cdots② \end{cases}$

y の係数の絶対値が等しいから，

①+②　　$4x=24$　　　y が消去されて，x の
　　　　　$x=6$　　　1次方程式になる。

$x=6$ を①か②に代入して，y を求める。

(2) $\begin{cases} x+2y=6 & \cdots\cdots① \\ 2x+3y=8 & \cdots\cdots② \end{cases}$

x の係数の絶対値をそろえると，

①×2　　$2x+4y=12 \cdots\cdots③$
③−②　　$y=4$

$y=4$ を①か②に代入して，x を求める。

2のポイント　　〈代入法〉

$x=\boxed{}$ か $y=\boxed{}$ をもう1つの式に代入し，一方の文字を消去して解く。

考え方

2(1) $\begin{cases} x=5-2y & \cdots\cdots① \\ 3x-2y=7 & \cdots\cdots② \end{cases}$

①を②に代入して，

$3(5-2y)-2y=7$　　　式を代入するときは，
$15-6y-2y=7$　　　（　）をつける。
　　　$-8y=-8$
　　　$y=1$

$y=1$ を①に代入して，x を求める。

(2) $\begin{cases} 3x-y=6 & \cdots\cdots① \\ y=x-4 & \cdots\cdots② \end{cases}$

②を①に代入して，

$3x-(x-4)=6$

発展問題

1 〔**連立方程式**〕次の連立方程式を解きなさい。

☐(1) $\begin{cases} 4x-3y=1 \\ -2x+y=-3 \end{cases}$

☐(2) $\begin{cases} 3x+4y=2 \\ 2x-5y=9 \end{cases}$

☐(3) $\begin{cases} \dfrac{x}{3}-2y=2 \\ x-3y=-6 \end{cases}$

上の式の両辺に
3 をかける。

☐(4) $\begin{cases} y=x-3 \\ 3x-2y=8 \end{cases}$

完成問題

1 次の連立方程式を解きなさい。

☐(1) $\begin{cases} 4x-3y=-2 \\ 3x-2y=1 \end{cases}$ （茨城）

☐(2) $\begin{cases} 3x-4y=17 \\ 4x+7y=-2 \end{cases}$ （愛知）

☐(3) $\begin{cases} x+2y=-7 \\ \dfrac{x}{5}-\dfrac{y}{2}=4 \end{cases}$ （大阪）

☐(4) $\begin{cases} 3x-2y=5 \\ y=-2x+1 \end{cases}$ （新潟）

基本チェックの答え

1 (1) $x=6$, $y=-9$ (2) $x=-2$, $y=4$ 2 (1) $x=3$, $y=1$ (2) $x=1$, $y=-3$

21 連立方程式の応用①

基本チェック

1 ノート2冊と鉛筆3本の代金の合計は420円，同じノート3冊と鉛筆4本の代金の合計は600円である。次の問いに答えなさい。

□(1) ノート1冊の値段を x 円，鉛筆1本の値段を y 円として，連立方程式をつくりなさい。

□(2) (1)の方程式を解き，ノート1冊，鉛筆1本の値段をそれぞれ求めなさい。

2 2けたの自然数がある。それぞれの位の数の和は11で，この数の十の位の数と一の位の数を入れかえてできる数は，もとの数より45大きくなる。次の問いに答えなさい。

□(1) もとの数の十の位の数を x，一の位の数を y として，連立方程式をつくりなさい。

□(2) (1)の方程式を解き，もとの自然数を求めなさい。

1のポイント　〈冊数・本数と代金の関係〉

● (1冊の値段)×(冊数)＝(代金)

● (1本の値段)×(本数)＝(代金)

考え方

1(1) $\left(\begin{array}{c}\text{ノート1}\\\text{冊の値段}\end{array}\right)×(\text{冊数})+\left(\begin{array}{c}\text{鉛筆1本}\\\text{の値段}\end{array}\right)×(\text{本数})$
＝(代金の合計)

から，2つの方程式をつくる。

　ノート2冊と鉛筆3本の代金の関係から，
　$2x+3y=420$

　ノート3冊と鉛筆4本の代金の関係から，もう1つ方程式をつくる。

2のポイント　〈2けたの自然数の表し方〉

十の位の数が x，一の位の数が y である2けたの自然数は

$$10x+y$$

考え方

2(1) 数の関係を2つ見つけ，それぞれ方程式をつくる。まず，それぞれの位の数の和は11であるから，

　　$x+y=11$

　次に，もとの数の十の位の数と一の位の数を入れかえてできる数は，$10y+x$ となるから，$10x+y$ と $10y+x$ の関係を方程式にする。

発展問題

1 〔**個数と代金についての問題**〕みかん8個とりんご3個の代金の合計は930円である。また，みかん5個の代金とりんご2個の代金は等しい。みかん1個，りんご1個の値段をそれぞれ求めなさい。

2 〔**数についての問題**〕一の位の数と，十の位の数が等しい3けたの自然数がある。この数の各位の数の和は17であり，百の位の数と一の位の数を入れかえてできる数は，もとの数より198小さくなる。次の問いに答えなさい。

(1) もとの自然数の百の位の数を x，十の位と一の位の数を y として，連立方程式をつくりなさい。　　もとの自然数は $100x+11y$

(2) (1)の方程式を解き，もとの自然数を求めなさい。

完成問題

1 ある町では，資源回収活動を行う子ども会に対し，回収した資源の種類別に，1kgごとに奨励金（しょうれいきん）を交付している。A地区の子ども会は，金属類60kgと紙類100kgを回収し，奨励金を1700円受け取った。B地区の子ども会は，金属類40kgと紙類150kgを回収し，奨励金を1800円受け取った。このとき，金属類1kgあたりの奨励金と紙類1kgあたりの奨励金を，用いる文字が何を表すかを示して方程式をつくり，それを解く過程を書いて，それぞれ求めなさい。　　　　　　　(岩手)

2 2けたの自然数がある。この自然数の十の位の数の3倍は，一の位の数より2大きい。また，この自然数の2倍は，十の位の数と一の位の数を入れかえてできる数より1大きくなる。もとの自然数はいくらか求めなさい。もとの自然数の十の位の数を x，一の位の数を y として，その方程式と計算過程も書くこと。　　　　　　　(鹿児島)

連立方程式の応用②

基本チェック

1 A町からB峠を経てC町まで14kmある。A町からB峠までは時速3km，B峠からC町までは時速4kmで歩いたら，4時間かかった。次の問いに答えなさい。

□(1)　A町からB峠までの道のりを$x$km，B峠からC町までの道のりを$y$kmとして，連立方程式をつくりなさい。

□(2)　(1)の方程式を解き，A町からB峠までの道のり，B峠からC町までの道のりをそれぞれ求めなさい。

2 ある中学校の全生徒数は，昨年は500人であった。今年は男子が10％増え，女子は20％減ったので，全体で478人になった。次の問いに答えなさい。

□(1)　昨年の男子の生徒数をx人，女子の生徒数をy人として，連立方程式をつくりなさい。

□(2)　(1)の方程式を解き，昨年の男子，女子の生徒数をそれぞれ求めなさい。

1のポイント　　〈速さ，道のり，時間の関係〉

● （道のり）＝（速さ）×（時間）

● （時間）＝$\dfrac{（道のり）}{（速さ）}$　　● （速さ）＝$\dfrac{（道のり）}{（時間）}$

考え方

1(1)　道のりの関係と時間の関係について，それぞれ方程式をつくる。

　　A町からB峠までにかかった時間は$\dfrac{x}{3}$時間，

　　B峠からC町までにかかった時間は$\dfrac{y}{4}$時間である。

(2)　$\dfrac{x}{3}+\dfrac{y}{4}=4$ の両辺に12をかけて，
　　　$\underset{\llcorner 3と4の最小公倍数}{}$

　　$\left(\dfrac{x}{3}+\dfrac{y}{4}\right)×12=4×12$　　$4x+3y=48$

2のポイント　　〈割合の表し方〉

● a の10％増加は，$a×(1+0.1)$

● a の10％減少は，$a×(1-0.1)$

考え方

2(1)　昨年の生徒数の関係と今年の生徒数の関係について，それぞれ方程式をつくる。

　　今年の男子の生徒数は，
　　　$x×(1+0.1)$（人）
　　今年の女子の生徒数は，
　　　$y×(1-0.2)$（人）
　　だから，今年の生徒数は，
　　　$1.1x+0.8y$（人）
　　になる。

(2)　$1.1x+0.8y=478$ の両辺に10をかけて，
　　　$11x+8y=4780$
　　　　　　　　　$\underset{\llcorner 係数を整数にする。}{}$

発展問題

1 〔**道のりについての問題**〕A地点から14km離れたB地点まで行くのに，途中のP地点までは時速6km，P地点から先は時速4kmで行くと，2時間50分かかった。次の問いに答えなさい。

□(1) A地点からP地点までの道のりを$x$km，P地点からB地点までの道のりを$y$kmとして，連立方程式をつくりなさい。

□(2) (1)の方程式を解き，A地点からP地点までの道のり，P地点からB地点までの道のりをそれぞれ求めなさい。

2 〔**割合についての問題**〕ある中学校のブラスバンド部員は，昨年は1年生と2年生で50人であった。今年は1年生が20%減り，2年生が10%増えたので，全体で1人減ったという。昨年の1年生，2年生の部員数はそれぞれ何人であったか求めなさい。

完成問題

1 サイクリングコースを，自転車で時速12kmの速さで走り，スタートからゴールまで1時間30分かかる予定であった。しかし，途中から自転車を押しながら時速4kmで歩いたので，2時間かかってしまった。次の問いに答えなさい。　　　　　(長野・改)

□(1) このサイクリングコースの，スタートからゴールまでの道のりを求めなさい。

□(2) 自転車で走った道のりを求めなさい。

□**2** ある動物園のおとなと子どもを合わせた入園者数は，昨日が330人であり，今日は昨日と比べて，おとなの入園者数が10%増え，子どもの入園者数が5%減って，今日のおとなと子どもを合わせた入園者数は336人であった。昨日のおとなの入園者数をx人，昨日の子どもの入園者数をy人として，連立方程式をつくり，それを解いて昨日のおとなの入園者数と昨日の子どもの入園者数をそれぞれ求めなさい。　　　　　(愛媛)

基本チェックの答え

1 (1) $\begin{cases} x+y=14 \\ \dfrac{x}{3}+\dfrac{y}{4}=4 \end{cases}$　(2) A町からB峠…6km，B峠からC町…8km

2 (1) $\begin{cases} x+y=500 \\ 1.1x+0.8y=478 \end{cases}$　(2) 昨年の男子…260人，昨年の女子…240人

23

2次方程式①

---

1 次の2次方程式を解きなさい。

□(1) $x^2+5x+6=0$

□(2) $x^2-7x+12=0$

□(3) $x^2+16x+64=0$

□(4) $x^2-4x=12$

□(5) $x^2+2x-3=5$

□(6) $x^2-2=-x$

1(1)～(3)のポイント 〈2次方程式の解き方①〉

● $ab=0$ ならば，$a=0$ または $b=0$ を利用する。

● 2次方程式では，解が1つしかないものもある。

考え方

1(1) $x^2+5x+6=0$

　　左辺を因数分解して，

　　　$(x+2)(x+3)=0$

　　　$x+2=0$ または $x+3=0$

(2) $x^2-7x+12=0$

　　左辺を因数分解して，

　　　$(x-3)(x-4)=0$

　　　$x-3=0$ または $x-4=0$

(3) $x^2+16x+64=0$

　　左辺を因数分解して，$(x+8)^2=0$

1(4)～(6)のポイント 〈2次方程式の解き方②〉

移項して，$x^2+ax+b=0$

の形にして，左辺を因数分解する。

考え方

1(4) $x^2-4x=12$

　　12を移項して，

　　　$x^2-4x-12=0$ ← 符号に注意。

　　　$(x+2)(x-6)=0$

(5) $x^2+2x-3=5$

　　5を移項して，$x^2+2x-8=0$

　　　$(x+4)(x-2)=0$

(6) $x^2-2=-x$

　　$-x$を移項して，$x^2+x-2=0$

　　　$(x+2)(x-1)=0$

発展問題

1 〔因数分解による2次方程式の解き方〕
次の2次方程式を解きなさい。

□(1) $x^2-4x+3=0$

□(2) $2x^2+16x+24=0$　　両辺を2でわる。

□(3) $x^2-24=-2x$

□(4) $x(x-1)=6$　　左辺を展開してから、移項する。

□(5) $x(x+3)=5x+15$

完成問題

1 次の2次方程式を解きなさい。

□(1) $x^2+7x-18=0$ （栃木）

□(2) $2x^2-8x-10=0$ （山梨）

□(3) $x^2-3=5x+11$ （秋田）

□(4) $(2x-1)(2x+1)=4x+7$ （長崎）

□(5) $x(x+2)=5(x+2)$ （愛知）

24 2次方程式②

基本チェック

$\boxed{1}$ 次の2次方程式を解きなさい。

□(1)　$3x^2=48$

□(2)　$3x^2=9$

□(3)　$2x^2-16=0$

□(4)　$(x-2)^2=9$

□(5)　$(x+1)^2=5$

□(6)　$(x-3)^2-6=0$

$\boxed{1}$(1)〜(3)のポイント　〈2次方程式の解き方③〉

$x^2=k \quad (k>0)$
$\Rightarrow x=\pm\sqrt{k}$

考え方

$\boxed{1}$(1)　$3x^2=48$
　　　　$x^2=16$
　　　　$x=\pm\sqrt{16}$

(2)　$3x^2=9$
　　　$x^2=3$

(3)　$2x^2-16=0$
　　　　$2x^2=16$
　　　　　$x^2=8$

$+3$，-3をまとめて
±3と表すことがある。

$\boxed{1}$(4)〜(6)のポイント　〈2次方程式の解き方④〉

$(x+m)^2=k \quad (k>0)$
$\Rightarrow x+m=\pm\sqrt{k}$
　　　$x=-m\pm\sqrt{k}$

考え方

$\boxed{1}$(4)　$(x-2)^2=9$
　　　　$x-2=\pm\sqrt{9}$
　　　　$x-2=\pm3$
　　$x-2=3$　または　$x-2=-3$

(5)　$(x+1)^2=5$
　　　$x+1=\pm\sqrt{5}$

(6)　$(x-3)^2-6=0$　$(x-3)^2=6$
　　　　$x-3=\pm\sqrt{6}$

発展問題

1 〔平方根の考えを利用した解き方〕

次の2次方程式を解きなさい。

☐(1)　$4x^2=25$

☐(2)　$4x^2-8=0$

☐(3)　$2x^2-24=0$

☐(4)　$(x+3)^2=1$

☐(5)　$(x-2)^2-3=0$

完成問題

1 次の2次方程式を解きなさい。

☐(1)　$(x-3)^2=2$　　　　　　　（沖縄）

☐(2)　$(x+1)^2=4$　　　　　　　（東京）

☐(3)　$(x+7)^2=5$　　　　　　　（埼玉）

☐(4)　$(x-3)^2-6=0$　　　　　　（長野）

☐(5)　$(x+5)^2-7=0$　　　　　　（愛知）

基本チェックの答え

1 (1)　$x=\pm4$　　(2)　$x=\pm\sqrt{3}$　　(3)　$x=\pm2\sqrt{2}$　　(4)　$x=5,\ -1$　　(5)　$x=-1\pm\sqrt{5}$　　(6)　$x=3\pm\sqrt{6}$

25 方程式

2次方程式③

基本チェック

1 次の2次方程式を，$(x+m)^2=n$ の形に変形してから解きなさい。

□(1)　$x^2-6x-4=0$

□(2)　$x^2+3x-3=0$

2 2次方程式 $2x^2+3x-1=0$ を，解の公式 $x=\dfrac{-b\pm\sqrt{b^2-4ac}}{2a}$ を使って解く。次の問いに答えなさい。

□(1)　解の公式の a，b，c にあてはまる数を答えなさい。

□(2)　この2次方程式を，解の公式を使って解きなさい。

3 次の2次方程式を，解の公式を使って解きなさい。

□(1)　$3x^2+3x-2=0$

□(2)　$3x^2-10x+3=0$

□(3)　$2x^2+5=8x$

□(4)　$6x^2=-5x-1$

1のポイント　〈2次方程式の解き方⑤〉

● $x^2+ax+\left(\dfrac{a}{2}\right)^2=\left(x+\dfrac{a}{2}\right)^2$

● $x^2-ax+\left(\dfrac{a}{2}\right)^2=\left(x-\dfrac{a}{2}\right)^2$

2・3のポイント　〈2次方程式の解の公式〉

2次方程式 $ax^2+bx+c=0$ の解は，

$$x=\dfrac{-b\pm\sqrt{b^2-4ac}}{2a}$$

考え方

1(1)　$x^2-6x-4=0$
　　　　$x^2-6x=4$　　　　　　　x の係数の
　　$x^2-6x+3^2=4+3^2$　　　半分の2乗
　　　　　　　　　　　　　　　を加える。
　　　　$(x-3)^2=13$

(2)　$x^2+3x-3=0$
　　　　$x^2+3x=3$
　　$x^2+3x+\left(\dfrac{3}{2}\right)^2=3+\left(\dfrac{3}{2}\right)^2$
　　　　$\left(x+\dfrac{3}{2}\right)^2=\dfrac{21}{4}$

考え方

2(2)　$x=\dfrac{-3\pm\sqrt{3^2-4\times2\times(-1)}}{2\times2}$

3(1)　$x=\dfrac{-3\pm\sqrt{3^2-4\times3\times(-2)}}{2\times3}$

(2)　$x=\dfrac{-(10)\pm\sqrt{(-10)^2-4\times3\times3}}{2\times3}$

(3)　移項して，$2x^2-8x+5=0$ とする。
　　$x=\dfrac{-(-8)\pm\sqrt{(-8)^2-4\times2\times5}}{2\times2}$

(4)　移項して，$6x^2+5x+1=0$ とする。
　　$x=\dfrac{-5\pm\sqrt{5^2-4\times6\times1}}{2\times6}$

発展問題

1 〔式の変形や解の公式による解き方〕

次の2次方程式を解きなさい。

□(1)　$x^2-4x-2=0$

□(2)　$x^2-5x+1=0$

□(3)　$7x^2-4x-2=0$

□(4)　$3x^2=2(4x-1)$

□(5)　$8x^2-16x+6=0$

完成問題

1 次の2次方程式を解きなさい。

□(1)　$x^2+5x-1=0$　　　　　（長崎）

□(2)　$x^2+3x-2=0$　　　　（神奈川）

□(3)　$2x^2+x-5=0$　　　　　（広島）

□(4)　$3x^2+1=-5x$　　　　　（茨城）

□(5)　$4x^2=12x-6$

26 2次方程式の応用

基本チェック

1 連続した2つの正の整数がある。それぞれの数を2乗した数の和が145になる。次の問いに答えなさい。

☐(1) 連続した2つの正の整数のうち，小さいほうを x として，方程式をつくりなさい。

☐(2) (1)の方程式を解き，これらの2つの整数を求めなさい。

2 長さ30cmのひもで長方形をつくり，その面積が54cm² になるようにする。次の問いに答えなさい。

☐(1) 長方形の縦の長さを x cm として，方程式をつくりなさい。

☐(2) (1)の方程式を解き，長方形の縦と横の長さを求めなさい。

☐(3) 同じひもで面積が55cm² の長方形をつくるとき，長方形の縦と横の長さを求めなさい。

1のポイント　〈連続した2つの整数の表し方〉

●連続した2つの整数は，小さいほうを x とすると，x，$x+1$ と表せる。

考え方

1(1) 大きいほうの数は $x+1$ と表せる。

（小さいほうの数の2乗）＋（大きいほうの数の2乗）
＝145

(2) (1)でつくった方程式を展開して，整理すると，

$2x^2+2x-144=0$ 　　　x^2 の係数は1にする。

両辺を2でわって，左辺を因数分解して解く。

方程式の解が，そのまま答えになるとは限らない。求める数は，正の整数であることに注意しよう。

2のポイント　〈長方形の縦，横と周の長さの関係〉

長方形では，(縦)＋(横)＝$\left(\text{周の長さの}\dfrac{1}{2}\right)$

考え方

2(1) 長方形の横の長さは
$(15-x)$ cm
だから，図は右のようになる。

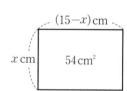

$(15-x)$ cm

x cm 　54cm²

(2) (1)でつくった方程式を展開して，整理すると，

$-x^2+15x-54=0$

両辺に -1 をかけて，左辺を因数分解して解く。　　　→ それぞれの項の符号が変わる。

(3) つくった2次方程式は，$(x+m)^2=n$ の形に変形するか，解の公式を使って解く。

発展問題

□ **1** 〔**自然数の問題**〕連続する3つの自然数がある。この3つの自然数をそれぞれ2乗した数の和が365であるとき，連続する3つの自然数を求めなさい。

□ **2** 〔**面積の問題**〕右の図のように，正方形の縦を2cm短くし，横を2cm長くして長方形をつくったら，長方形の面積は60cm²になった。次の問いに答えなさい。

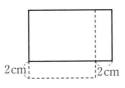

□(1)　もとの正方形の1辺の長さを x cmとして，長方形の縦と横の長さを，それぞれ x を用いて表しなさい。

□(2)　もとの正方形の1辺の長さを求めなさい。

完成問題

□ **1** ある正の整数 a を2乗してから3倍しなければならないのに，誤って3倍してから2乗したため，答えが216大きくなってしまった。このとき，a の値を求めなさい。　（茨城）

□ **2** 縦20cm，横30cmの長方形の白い用紙に，右の図のように縦と横に同じ幅で色をぬると，白い部分の面積がもとの用紙の面積の $\dfrac{5}{8}$ 倍になった。このとき，色をぬった部分の幅を求めなさい。　（佐賀・改）

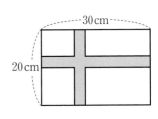

□ **3** 縦が3cm，横が7cmの長方形がある。この長方形の縦を x cm短くし，横を x cm長くした新たな長方形をつくったら，面積が19cm²になった。このとき，x の値を求めなさい。ただし，x は正の数とする。

基本チェックの答え

1　(1)　$x^2+(x+1)^2=145$　　(2)　8, 9

2　(1)　$x(15-x)=54$　　(2)　縦6cm，横9cm，または，縦9cm，横6cm

　(3)　縦 $\dfrac{15+\sqrt{5}}{2}$ cm，横 $\dfrac{15-\sqrt{5}}{2}$ cm，または，縦 $\dfrac{15-\sqrt{5}}{2}$ cm，横 $\dfrac{15+\sqrt{5}}{2}$ cm

27

方程式の応用

□ **1** x についての 1 次方程式

$$3x+1=x+a$$

の解が 2 であるとき，a の値を求めなさい。

□ **3** x についての 2 次方程式

$$x^2-4x+a=0$$

の 1 つの解が $x=1$ であるとき，他の解を求めなさい。

□ **2** x についての 2 次方程式

$$x^2+2x+a=0$$

の 1 つの解が 3 であるとき，a の値を求めなさい。

□ **4** 連立方程式 $\begin{cases} ax+by=1 \\ ax-by=5 \end{cases}$ の解が $x=1$，$y=2$ であるとき，a，b の値を求めなさい。

1〜3のポイント　〈方程式の定数の求め方〉

1．与えられた解を方程式に代入する。
2．a についての方程式を解く。

考え方

1 $x=2$ を $3x+1=x+a$ に代入して，
　　$3×2+1=2+a$
　これを a についての方程式とみて解く。

2 $x=3$ を $x^2+2x+a=0$ に代入して，
　　$3^2+2×3+a=0$

3 $x=1$ を $x^2-4x+a=0$ に代入して，
　　$1^2-4×1+a=0$ より，$a=3$
　よって，もとの 2 次方程式は，$x^2-4x+3=0$
　　$(x-1)(x-3)=0$

4のポイント　〈連立方程式の係数の求め方〉

1．与えられた 2 つの解を方程式に代入する。
2．a，b についての連立方程式を解く。

考え方

4 $x=1$，$y=2$ を $\begin{cases} ax+by=1 \\ ax-by=5 \end{cases}$ に代入して，

　　$\begin{cases} a+2b=1 & \cdots\cdots① \\ a-2b=5 & \cdots\cdots② \end{cases}$

　これを a，b についての連立方程式とみて解く。

　①＋②より，$2a=6$
　①－②より，$4b=-4$

発展問題

1 〔定数や係数を求める問題〕次の問いに答えなさい。

□(1) x についての1次方程式
$2x-5=3x+a$ の解が -3 であるとき，a の値を求めなさい。

□(2) x についての2次方程式
$x^2-3x+a=0$ の1つの解が4であるとき，a の値を求めなさい。

□(3) 2次方程式 $x^2+ax-8=0$ の1つの解が $x=2$ であるとき，a の値と他の解を求めなさい。

□(4) 連立方程式 $\begin{cases} ax+by=1 \\ ax-by=-7 \end{cases}$ の解が $x=3$，$y=-1$ であるとき，a，b の値を求めなさい。

完成問題

1 次の問いに答えなさい。

□(1) x についての1次方程式
$2x-a=4(a-x)-7$ の解が3のとき，a の値を求めなさい。 (香川)

□(2) 2次方程式 $x^2-ax+6=0$ の1つの解が $x=2$ であるとき，a の値と他の解を求めなさい。 (沖縄)

□(3) x についての2次方程式
$x^2+2ax+a^2-4=0$ の1つの解が2であるとき，a の値をすべて求めなさい。 (佐賀)

□(4) 連立方程式 $\begin{cases} ax-by=14 \\ ax+by=-2 \end{cases}$ の解が $x=1$，$y=-2$ であるとき，a，b の値を求めなさい。 (北海道)

基本チェックの答え

1 $a=5$　2 $a=-15$　3 $x=3$　4 $a=3$，$b=-1$

関数

比例・反比例①

基本チェック

□ **1** 次の式で，y が x に比例している式はどれか。番号で答え，比例定数をいいなさい。

① $y=x$ 　　　② $y=-2x^2$

③ $y=x+1$ 　　④ $y=-3x$

2 y は x に比例し，$x=3$ のとき $y=6$ である。次の問いに答えなさい。

□(1) y を x の式で表しなさい。

□(2) $x=4$ のときの y の値を求めなさい。

□ **3** 次の式で，y が x に反比例している式はどれか。番号で答え，比例定数をいいなさい。

① $y=\dfrac{4}{x}$ 　　② $y=\dfrac{x}{6}$

③ $xy=8$ 　　④ $\dfrac{y}{x}=4$

4 y は x に反比例し，$x=4$ のとき $y=3$ である。次の問いに答えなさい。

□(1) y を x の式で表しなさい。

□(2) $x=-2$ のときの y の値を求めなさい。

考え方

1 ともなって変わる変数 x，y が，$y=ax$ の形で表されるとき，y は x に比例するという。ここでは，$y=ax$ の形の式になっているものを選ぶ。このとき，a を比例定数という。

> **2のポイント**　　〈比例の式の求め方〉
> 1．比例の式を，$y=ax$ とおく。
> 2．x，y の値を代入して a を求める。

考え方

2(1) y は x に比例するから，$y=ax$ とおき，$x=3$，$y=6$ を代入して，a の値を求める。
$$6=a\times3$$
(2) (1)で求めた式に，$x=4$ を代入して，y の値を求める。

3 ともなって変わる変数 x，y が，$y=\dfrac{a}{x}$ の形で表されるとき，y は x に反比例するという。ここでは，$y=\dfrac{a}{x}$ の形の式になっているものを選ぶ。③，④は $y=\sim$ の形に変形する。

> **4のポイント**　　〈反比例の式の求め方〉
> 1．反比例の式を，$y=\dfrac{a}{x}$ とおく。
> 2．x，y の値を代入して a を求める。

考え方

4(1) y は x に反比例するから，$y=\dfrac{a}{x}$ とおける。これより，$a=xy$ で求めることができる。
$$a=4\times3$$
(2) (1)で求めた式に，$x=-2$ を代入して，y の値を求める。

発展問題

1 〔**比例・反比例**〕次の式で，y が x に比例している式，y が x に反比例している式はどれか。それぞれすべて選び，番号で答えなさい。

① $y=-2x+3$　　② $y=-\dfrac{1}{x}$

③ $3y=x$　　　　④ $y=x^2$

⑤ $xy=-6$　　　⑥ $x+y=0$

2 〔**比例の式**〕y は x に比例し，$x=2$ のとき $y=-8$ である。次の問いに答えなさい。

(1) y を x の式で表しなさい。

(2) $x=-4$ のときの y の値を求めなさい。

3 〔**反比例の式**〕y は x に反比例し，$x=3$ のとき $y=6$ である。次の問いに答えなさい。

(1) y を x の式で表しなさい。

(2) $x=9$ のときの y の値を求めなさい。

完成問題

1 次の問いに答えなさい。

(1) y は x に比例し，$x=2$ のとき $y=14$ である。y を x の式で表しなさい。　　（福島）

(2) y は x に比例し，$x=3$ のとき $y=-9$ である。$x=-2$ のときの y の値を求めなさい。　　（沖縄）

(3) y は x に反比例し，$x=12$ のとき $y=6$ である。y を x の式で表しなさい。　　（富山）

(4) y は x に反比例し，$x=4$ のとき $y=-6$ である。$x=-8$ のときの y の値を求めなさい。　　（石川）

基本チェックの答え

1 ①，比例定数は 1，④，比例定数は -3　　2 (1) $y=2x$　(2) $y=8$

3 ①，比例定数は 4，③，比例定数は 8　　4 (1) $y=\dfrac{12}{x}$　(2) $y=-6$

29 比例・反比例②

□ **1** 次の①〜④の比例のグラフを，下の図のA〜Dから選び，記号で答えなさい。

① $y=2x$ ② $y=-x$

③ $y=\dfrac{1}{2}x$ ④ $y=-\dfrac{1}{3}x$

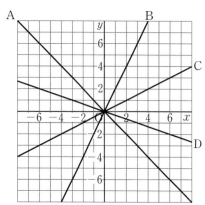

□ **2** 次の①，②の反比例のグラフを，下の図のE，Fから選び，記号で答えなさい。

① $y=\dfrac{4}{x}$ ② $y=-\dfrac{6}{x}$

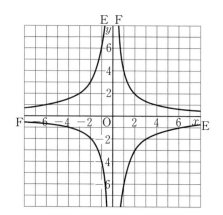

1のポイント　　　〈比例のグラフ〉

●$y=ax$ のグラフは，原点を通り，
 ⎰ $a>0$ のとき，右上がりの直線
 ⎱ $a<0$ のとき，右下がりの直線
●グラフを求めるには，原点以外にどの点を通るかを調べる。
 $y=ax$ のグラフは点 $(1,\ a)$，$(2,\ 2a)$，…を通る。

考え方

1① $a>0$ から，右上がりの直線である。
 $x=1$ のとき $y=2$ であるから，点 $(1,\ 2)$ を通る。

② $a<0$ から，右下がりの直線である。
 $x=1$ のとき $y=-1$ であるから，点 $(1,\ -1)$ を通る。

③ 右上がりの直線である。点 $(2,\ 1)$ を通る。

④ 右下がりの直線である。点 $(3,\ -1)$ を通る。

2のポイント　　　〈反比例のグラフ〉

●$y=\dfrac{a}{x}$ のグラフは双曲線とよばれる曲線である。

$a>0$ のとき 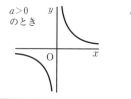　$a<0$ のとき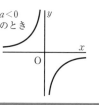

考え方

2① $x=1$ のとき $y=4$ より，点 $(1,\ 4)$ を通る曲線である。
 また，$x=-1$ のとき $y=-4$ より，
 点 $(-1,\ -4)$ を通る曲線でもある。
 　　　　　双曲線は 2 つで 1 組の曲線。

② $x=1$ のとき $y=-6$ より，点 $(1,\ -6)$ を通る曲線である。
 また，点 $(-1,\ 6)$ を通る曲線でもある。

発展問題

1 〔比例のグラフ〕
右の図について，
次の問いに答えな
さい。

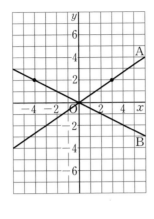

□(1)　Aのグラフは，
原点Oと点(3, 2)
を通る。Aのグ
ラフの式を求め
なさい。

□(2)　Bのグラフは，原点Oと点(−4, 2)を通
る。Bのグラフの式を求めなさい。

□(3)　点(2, 6)を通る比例のグラフを図にかき
なさい。

2 〔反比例のグラフ〕下の図のA，Bは，y
がxに反比例しているグラフである。次の
問いに答えなさい。

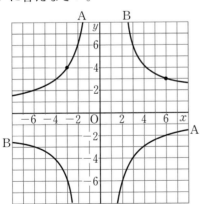

□(1)　点(−3, 4)を通るAのグラフの式を求め，
yをxの式で表しなさい。

□(2)　点(6, 3)を通るBのグラフの式を求め，
yをxの式で表しなさい。

□(3)　点(3, 2)を通る反比例のグラフを図にか
きなさい。

完成問題

1 次の問いに答えなさい。

□(1)　点A(3, 6)がある。原点OとAを通る直
線の式を求めなさい。　　　　　（広島・改）

□(2)　右の図は，yがx
に反比例しているグ
ラフである。yをx
の式で表しなさい。

（大分）

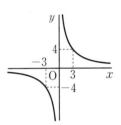

□**2**　yはxに反比例し，$x=2$のとき$y=4$で
ある。yをxの式で表し，そのグラフをかき
なさい。　　　　　　　　　　　　　（愛媛）

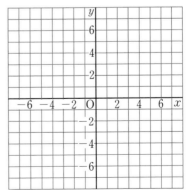

30 関数

1次関数①

基本チェック

1 次の問いに答えなさい。

□(1) 1次関数 $y=2x-1$ において，x の値が1から4まで増加するときの変化の割合を求めなさい。

□(2) 1次関数 $y=\dfrac{1}{2}x+4$ のグラフの傾きと切片を求めなさい。

□(3) 傾きが3で，切片が5の直線の式を求めなさい。

□(4) 次の式で表される1次関数のグラフのうち，平行になるものの組をすべて選び，番号で答えなさい。

① $y=2x+1$ 　② $y=-\dfrac{1}{2}x-1$

③ $y=-2x$ 　④ $y=2x-5$

⑤ $y=-\dfrac{1}{2}x+3$ 　⑥ $y=\dfrac{1}{2}x+2$

□(5) 直線 $y=4x+1$ に平行で，y 軸と点 $(0，-2)$ で交わる直線の式を求めなさい。

1 (1)のポイント　〈変化の割合〉

$$(変化の割合)=\frac{(y の増加量)}{(x の増加量)}$$

1次関数 $y=ax+b$ の変化の割合は一定で，a に等しい。

考え方

1 (1)　$x=1$ のとき $y=1$，$x=4$ のとき $y=7$

変化の割合 $=\dfrac{7-1}{4-1}$

1 (2)(3)のポイント　〈傾きと切片〉

1次関数 $y=ax+b$ のグラフは，傾きが a，切片が b の直線である。

考え方

1 (2)　$y=ax+b$ のグラフは，$a>0$ のとき，右の図のようになる。

(3)　$y=ax+b$ において，$a=3$，$b=5$ である。

1 (4)(5)のポイント　〈平行な2直線〉

1次関数 $y=ax+b$ と $y=a'x+b'$ で，$a=a'$ ならば，2つのグラフは平行である。（傾きが等しい2つの直線は平行である。）

考え方

1 (4)　x の係数が等しいものを選ぶ。
比例の式 $y=ax$ は，1次関数 $y=ax+b$ で $b=0$ の場合である。

(5)　求める直線は，$y=4x+b$ とおける。
切片は，y 軸との交点の y 座標

〔参考〕　1次関数 $y=ax+b$ で，
① $a>0$ のとき，x が増加すると y も増加する。グラフは，右上がりの直線になる。
② $a<0$ のとき，x が増加すると y は減少する。グラフは，右下がりの直線になる。

発展問題

1 〔変化の割合〕次の問いに答えなさい。

□(1)　1次関数 $y=\dfrac{2}{3}x-5$ の変化の割合を求めなさい。

□(2)　1次関数 $y=3x-2$ において，x の増加量が2のときの y の増加量を求めなさい。

2 〔1次関数のグラフの傾きと切片〕1次関数 $y=-\dfrac{1}{4}x+3$ のグラフの傾きと切片を求めなさい。

3 〔直線の式〕次の直線の式を求めなさい。

□(1)　傾きが1で，切片が-2である直線

□(2)　傾きが $-\dfrac{1}{2}$ で，切片が4である直線

□(3)　直線 $y=2x+3$ に平行で，点 $(0, -5)$ を通る直線　　平行な2直線は傾きが等しい。

完成問題

□**1** 右の図の直線 ℓ は2点A$(-4, 3)$，B$(2, 1)$を通る。直線 ℓ の傾きを求めなさい。

（青森・改）

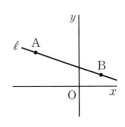

2 次の直線の式を求めなさい。

□(1)　点$(0, -3)$を通り，傾き $\dfrac{1}{2}$ の直線

（広島・改）

□(2)　直線 $y=-3x+5$ に平行で，点$(0, 2)$を通る直線　　（香川）

□**3** 下のア～エの1次関数のグラフで，直線 $y=-2x-1$ と交わらないものが1つある。その記号を書きなさい。　　（青森）

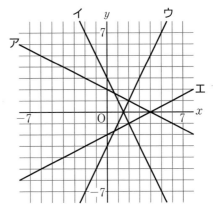

1 (1) 2　　(2) 傾き…$\dfrac{1}{2}$，切片…4　　(3) $y=3x+5$　　(4) ①と④，②と⑤　　(5) $y=4x-2$

関数

1次関数②

基本チェック

1 次の直線の式を求めなさい。

□(1) 傾きが2で，点(1，4)を通る直線

□(2) 直線 $y=3x$ に平行で，点(2，4)を通る直線

□(3) 切片が2で，点(3，1)を通る直線

2 次の問いに答えなさい。

□(1) 2点(2，1)，(−1，−8)を通る直線の式を，傾きを調べて求めなさい。

□(2) 2点(1，5)，(−2，−7)を通る直線の式を $y=ax+b$ とおいて，a，b の連立方程式をつくって求めなさい。

1のポイント　〈直線の式の求め方〉

直線の式を $y=ax+b$ とおき，傾き a，切片 b や，通る点などに着目する。

考え方

1 求める直線の式を $y=ax+b$ とおく。

(1) 傾きが2より，$a=2$

　　よって，$y=2x+b$……①

　　点(1，4)を通るから，①に $x=1$，$y=4$ を代入して，b の値を求める。

　　　$4=2×1+b$

(2) $y=3x+b$ とおける。

　　これに，$x=2$，$y=4$ を代入する。

(3) 切片が2より，$b=2$

　　よって，$y=ax+2$

　　これに，$x=3$，$y=1$ を代入する。

平行な2直線は傾きが等しい。

2のポイント　〈2点を通る直線の式の求め方〉

● 傾き a を求め，1点から b を求める。
● a，b の連立方程式をつくって解く。

考え方

2(1) 直線の式を $y=ax+b$ とおくと，

　　$a=\dfrac{1-(-8)}{2-(-1)}=\dfrac{9}{3}=3$　　　傾き＝変化の割合

　　よって，$y=3x+b$

　　これに，$x=2$，$y=1$ を代入する。

(2) 直線の式を $y=ax+b$ とおく。

　　$x=1$，$y=5$ を代入して，

　　　$5=a+b$　　　……①

　　$x=-2$，$y=-7$ を代入して，

　　　$-7=-2a+b$……②

　　①，②を連立方程式として解く。

発展問題

1 〔**直線の式**〕次の直線の式を求めなさい。

□(1)　傾きが −3 で，点(−2, 2)を通る直線

□(2)　切片が −3 で，点(2, 1)を通る直線

2 〔**2 点を通る直線の式**〕次の問いに答えなさい。

□(1)　2 点(2, −2)，(−4, −5)を通る直線の式を，傾きを調べて求めなさい。

□(2)　2 点(1, 3)，(−2, 6)を通る直線の式を，$y=ax+b$ とおいて，a，b の連立方程式をつくって求めなさい。

完成問題

1 次の問いに答えなさい。

□(1)　傾きが 3 で，点(−1, 5)を通る直線の式を求めなさい。　　　　　（島根）

□(2)　右の図の直線 ℓ の式を求めなさい。　　（栃木）

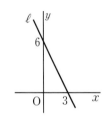

□(3)　1 次関数 $y=ax+b$ のグラフが 2 点(1, −1)，(2, 1)を通るとき，a, b の値を求めなさい。　　　　　（滋賀）

□(4)　y は x の 1 次関数で，そのグラフは 2 点(−5, 2)，(3, 6)を通る直線である。この 1 次関数を表す式を求めなさい。　　（岡山）

---

32 1次関数③

1 右の図の直線 ℓ は1次関数 $y=\frac{1}{2}x+2$ のグラフである。次の問いに答えなさい。

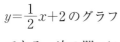

□(1) $x=-2$, $x=4$ に対応する y の値をそれぞれ求めなさい。

□(2) x の変域が $-2 \leqq x \leqq 4$ であるとき, y の変域を求めなさい。

2 右の図で, 直線 ℓ は $y=2x+5$, 直線 m は $y=-x+1$ のグラフである。次の問いに答えなさい。

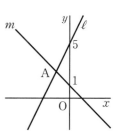

□(1) 連立方程式
$$\begin{cases} y=2x+5 \\ y=-x+1 \end{cases}$$ を解きなさい。

□(2) (1)の解より, 直線 ℓ と m の交点Aの座標を求めなさい。

考え方

1(1) $y=\frac{1}{2}x+2$ に, $x=-2$, $x=4$ を代入する。

$y=\frac{1}{2}\times(-2)+2$

$y=\frac{1}{2}\times4+2$

1(2)のポイント　　　　　　　　　　　〈変域〉

●変数のとりうる値の範囲を変域という。

●$y=ax+b$ の y の変域を求めるときは, $a>0$ か $a<0$ に注意する。

考え方

1(2) $x=-2$ に対応する y の値 ……①
$x=4$ に対応する y の値 ……②
とすると, $-2 \leqq x \leqq 4$ での y の変域は,
①$\leqq y \leqq$② ←グラフが右上がりの直線だから。

〔アドバイス〕　変域を求める問題は, グラフで考えるのがよい。この問題では, y の変域は, y 軸上の太線部分になる。

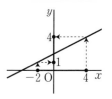

2(1) $2x+5=-x+1$ を解いて, x を求める。

2(2)のポイント　　　　　　〈2直線の交点の座標〉

2つの直線の交点の座標は, 直線を表す2つの式を連立方程式として解いた解である。

考え方

2(2) (1)の連立方程式の解が, 直線 ℓ と m の交点の x 座標, y 座標の組になる。

発展問題

1 〔**変域**〕次の問いに答えなさい。

□(1) 1次関数 $y=\dfrac{2}{3}x+1$ について，x の変域が $-3 \leqq x \leqq 6$ のとき，y の変域を不等号を使って表しなさい。

□(2) 右の図の直線 ℓ は 1次関数 $y=-x+6$ のグラフである。この関数で，x の変域を $-2 \leqq x \leqq 3$ とするとき，y の変域を求めなさい。

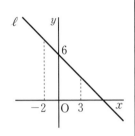

グラフは右下がりであることに注意。

□2 〔**2直線の交点**〕
右の図で，直線 ℓ は $y=x+5$，直線 m は $y=3x-1$ のグラフである。2つのグラフの交点Aの座標を求めなさい。

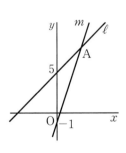

完成問題

1 次の問いに答えなさい。

□(1) 1次関数 $y=-x+3$ について，x の変域が $-4 \leqq x \leqq 3$ のとき，y の変域を不等号を使って表しなさい。 (岩手)

□(2) 1次関数 $y=-2x+5$ で，x の変域を $-2 \leqq x \leqq 4$ とするとき，y の変域を不等号を使って表しなさい。 (茨城)

2 右の図のように，直線 ℓ と m が点Aで交わっている。直線 ℓ の式は $y=2x$ で，直線 m は傾きが -1，切片が 4 である。次の問いに答えなさい。 (佐賀・改)

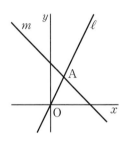

□(1) 直線 m の式を求めなさい。

□(2) 点Aの座標を求めなさい。

33 関数 $y=ax^2$ といろいろな関数

基本チェック

1 y は x の2乗に比例し，$x=3$ のとき $y=4$ である。次の問いに答えなさい。

□(1) y を x の式で表しなさい。

□(2) $x=6$ のときの y の値を求めなさい。

□**2** 下の図で，①は関数 $y=x^2$ のグラフである。②～④のグラフの式を，次のア～ウから選び，記号で答えなさい。

ア　$y=-x^2$

イ　$y=2x^2$

ウ　$y=\dfrac{1}{3}x^2$

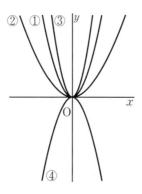

3 右の表は，ある鉄道の乗車距離と運賃の関係を表している。乗車距離を $x$km，運賃を y 円として，次の問いに答えなさい。

運賃表

乗車距離	運賃
3km まで	150円
6km まで	180円
10km まで	210円
15km まで	250円
20km まで	300円

□(1) y は x の関数であるといえますか。

□(2) x と y の関係を表すグラフの続きをかきなさい。

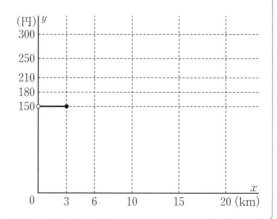

12のポイント 〈y が x の2乗に比例する関数〉

●式の求め方は，$y=ax^2$ とおき，x と y の値を代入して，a の値を求める。

●$a>0$ のとき，グラフは上に開く。
　$a<0$ のとき，グラフは下に開く。

考え方

1(1)　y は x の2乗に比例するから，
　$y=ax^2$ とおく。
　　$x=3$，$y=4$ を代入すると，
　　$4=a\times3^2$　　（$3=a\times4^2$ としないように。）

(2)　(1)で求めた式に，$x=6$ を代入する。

2　$y=ax^2$ のグラフでは，a の絶対値が大きいほど，開き方は小さい。

3のポイント 〈ともなって変わる2つの数量の関係〉

x の値を1つ決めると，それに対応する y の値もただ1つに決まるとき，y は x の関数である。

考え方

3(2)　$0<x\leqq3$ のとき　$y=150$
　　　$3<x\leqq6$ のとき　$y=180$
　　　$6<x\leqq10$ のとき　$y=210$
　　　　　⋮　　　　　　　　⋮

　　x と y の関係はこのようになり，そのグラフは階段状になる。

　　グラフ中の「•」は点 $(3,\ 150)$ をふくみ，「○」は点 $(0,\ 150)$ をふくまないことを表している。

発展問題

1 〔**$y=ax^2$ の式**〕y は x の 2 乗に比例し，$x=-3$ のとき $y=6$ である。次の問いに答えなさい。

□(1) y を x の式で表しなさい。

□(2) $x=-6$ のときの y の値を求めなさい。

□**2** 〔**$y=ax^2$ のグラフ**〕関数 $y=\dfrac{1}{2}x^2$ のグラフをかきなさい。

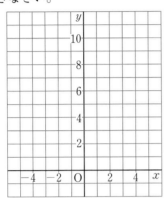

□**3** 〔**いろいろな関数**〕x の小数部分を切り捨てた数を y とすると，y は x の関数になる。$0 \leqq x < 5$ におけるこの関数のグラフをかきなさい。

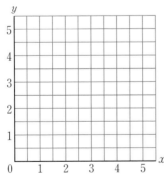

完成問題

1 次の問いに答えなさい。

□(1) 関数 $y=ax^2$ において，$x=4$ のとき $y=-8$ である。a の値を求めなさい。

（群馬）

□(2) y は x の 2 乗に比例し，$x=3$ のとき $y=18$ である。この関係において，$x=2$ のときの y の値を求めなさい。

（島根）

2 y は x の 2 乗に比例する関数であり，その関数のグラフが点 $(2, 3)$ を通る。次の問いに答えなさい。

（愛媛・改）

□(1) y を x の式で表しなさい。

□(2) この関数のグラフを，右の図にかきなさい。

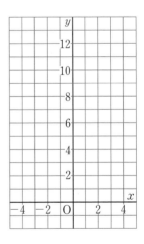

基本チェックの答え

1 (1) $y=\dfrac{4}{9}x^2$　(2) $y=16$　　2 ② **ウ**　③ **イ**　④ **ア**

3 (1) いえる　(2)

（円）
300
250
210
180
150

0　3　6　10　15　20(km)

34

関数 $y=ax^2$ ①

基本チェック

1 右のグラフは，$y=2x^2$ のグラフである。次の問いに答えなさい。

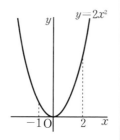

□(1)　$x=-1$，$x=2$ のときの y の値をそれぞれ求めなさい。

□(2)　x の変域が $-1≦x≦2$ のとき，y の変域を求めなさい。

□**2** 関数 $y=ax^2$ で，x の変域が $-2≦x≦4$ のとき，y の変域が $0≦y≦8$ となった。このとき，定数 a の値を求めなさい。

考え方

1(1)　$y=2x^2$ に，$x=-1$，$x=2$ を代入する。
$$y=2×(-1)^2,\ y=2×2^2$$

1(2)のポイント　〈y のとりうる値の範囲〉

$y=ax^2$ において，
　$a>0$ のとき，$y≧0$
　$a<0$ のとき，$y≦0$

考え方

1(2)　$a>0$ であるから，$y≧0$ であることに注意する。

　　$-1≦x≦2$ での $y=2x^2$ のグラフは，右の図の実線部分になる。

　　$x=2$ のとき，y の値はもっとも大きくなる。

y の変域を求める問題では，グラフを使って考える。

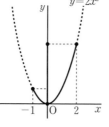

> x の変域に 0 をふくむかどうかに注意。

2のポイント　〈変域についての問題〉

変域についての問題では，グラフを使って考える。グラフが与えられていないときは，簡単なグラフをかいてみる。

考え方

2　y の変域が $0≦y≦8$ だから，$y=ax^2$ で $a>0$ である。

　$x=-2$，$x=4$ のどちらのときに，$y=8$ となるのかを考える。

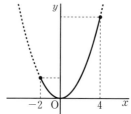

グラフは上の図のようになるから，$x=4$ のとき，$y=8$ となる。
$$8=a×4^2$$

発展問題

1 〔$y=ax^2$ の変域〕次の問いに答えなさい。

□(1) 関数 $y=\dfrac{1}{4}x^2$ について，x の変域が次の

場合に，y の変域を求めなさい。

① $2\leqq x\leqq 4$　　　　グラフをかいて考えよう。

② $-1\leqq x\leqq 4$

□(2) 関数 $y=-x^2$ について，x の変域が
$-2\leqq x\leqq 4$ のとき，y の変域を求めなさい。

$a<0$ であることに注意。

□**2** 〔変域から $y=ax^2$ の a を求める〕
関数 $y=ax^2$ について，x の変域が
$-2\leqq x\leqq 6$ のとき，y の変域が $0\leqq y\leqq 12$ となった。このとき，a の値を求めなさい。

y の変域から
$a>0$

完成問題

1 次の問いに答えなさい。

□(1) 関数 $y=\dfrac{1}{2}x^2$ で，x の変域が $-4\leqq x\leqq 3$
のとき，y の変域を求めなさい。　　（青森）

□(2) 関数 $y=-2x^2$ について，x の変域が
$-1\leqq x\leqq 3$ のとき，y の変域は $a\leqq y\leqq b$ である。このとき，a，b の値を求めなさい。

（神奈川）

□(3) 関数 $y=\dfrac{1}{3}x^2$ について，x の変域が
$n\leqq x\leqq 6$ のとき，y の変域が $0\leqq y\leqq 12$ となるような整数 n は全部で何個あるか，答えなさい。　　（長崎・改）

□**2** 関数 $y=ax^2$ で，x の変域が $-2\leqq x\leqq 1$
のとき，y の変域が $0\leqq y\leqq 12$ となった。このとき，a の値を求めなさい。　　（埼玉）

基本チェックの答え

1 (1) $x=-1$ のとき $y=2$，$x=2$ のとき $y=8$　(2) $0\leqq y\leqq 8$　2 $a=\dfrac{1}{2}$

35 関数 $y=ax^2$ ②

1 関数 $y=2x^2$ について，x の値が次のように増加するときの変化の割合を求めなさい。

□(1)　1 から 3 まで増加するとき。

□(2)　−2 から 3 まで増加するとき。

2 関数 $y=\dfrac{1}{3}x^2$ について，x の値が −6 から −3 まで増加するとき，変化の割合を求めなさい。

3 関数 $y=ax^2$ で，x の値が 2 から 4 まで増加するとき，次の問いに答えなさい。

□(1)　y の増加量を a を用いて表しなさい。

□(2)　変化の割合を a を用いて表しなさい。

□(3)　(2)で求めた変化の割合が18であるとき，a の値を求めなさい。

---

1 ～ 3 のポイント　　　　〈変化の割合〉

● (変化の割合)＝$\dfrac{(\,y\,\text{の増加量})}{(\,x\,\text{の増加量})}$

● 1 次関数 $y=ax+b$ では，変化の割合はつねに一定で，その値は a であるが，関数 $y=ax^2$ では，変化の割合は一定ではない。

考え方

1(1)　$x=1$ のとき $y=2$
　　　$x=3$ のとき $y=18$
　　　変化の割合は，$\dfrac{18-2}{3-1}$

(2)　$x=-2$ のとき $y=8$ より，変化の割合は，

$\dfrac{18-8}{3-(-2)}$　　関数 $y=ax^2$ の変化の割合は，一定でないことを確かめよう。

2　$x=-6$ のとき $y=12$
　　$x=-3$ のとき $y=3$
　　変化の割合は，$\dfrac{3-12}{-3-(-6)}$

3(1)　$x=2$ のとき $y=a\times2^2=4a$
　　　$x=4$ のとき $y=16a$
　　　よって，y の増加量は，$16a-4a$

(2)　x の増加量は，$4-2=2$

(3)　$6a=18$

発展問題

1 〔変化の割合〕次の問いに答えなさい。

□(1) $y=\dfrac{1}{2}x^2$ について，x の値が2から4まで増加するときの変化の割合を求めなさい。

□(2) $y=-x^2$ について，x の値が1から3まで増加するときの変化の割合を求めなさい。

2 〔変化の割合〕関数 $y=ax^2$ について，x の値が2から5まで増加するとき，変化の割合が28である。a の値を求めなさい。

3 〔変化の割合と直線の傾き〕

関数 $y=x^2$ のグラフ上に点 A$(-1,\ 1)$，B$(3,\ 9)$ がある。次の問いに答えなさい。

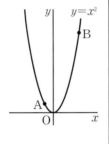

□(1) x が-1から3まで増加するときの変化の割合を求めなさい。

□(2) 直線ABの傾きを求めなさい。

完成問題

1 次の問いに答えなさい。

□(1) 関数 $y=2x^2$ について，x が-4から3まで増加するときの変化の割合を求めなさい。 (北海道)

□(2) x の値が1から5まで増加するとき，関数 $y=\dfrac{1}{2}x^2$ の変化の割合を求めなさい。 (新潟)

2 関数 $y=ax^2$ について，x の値が2から6まで増加するとき，変化の割合が-16である。a の値を求めなさい。 (長野)

3 右の図のように，関数 $y=ax^2\ (a>0)$ のグラフと直線 ℓ が2点A，Bで交わっており，点A，Bの x 座標はそれぞれ-2，4である。直線 ℓ の傾きが3であるとき，a の値を求めなさい。 (富山・一部)

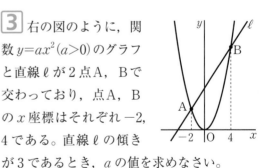

36 作図①

□ **1** 直線ℓ上にない点Pを通り，ℓに垂直な直線を，次の手順で作図しなさい。

① 点Pを中心としてℓと交わる円をかき，ℓとの交点をA，Bとする。

② A，Bを中心として等しい半径の円をかき，直線ℓの下側の交点をQとする。

③ PとQを通る直線をひく。

•P

ℓ ——————————

□ **2** 線分ABの垂直二等分線を，次の手順で作図しなさい。

① A，Bを中心として等しい半径の円をかき，交点をP，Qとする。

② P，Qを通る直線をひく。

A •————————————• B

1のポイント　　　　　　〈垂線〉

2直線が垂直であるとき，一方の直線を他方の直線の**垂線**という。

考え方

1 直線ℓ上にない点Pを通るℓの垂線は，次のように作図することもできる。

①′ ℓ上に2点A，Bを適当にとり，A，Bを中心として，AP，BPをそれぞれ半径とする円をかき，P以外の交点をQとする。

②′ PとQを通る直線をひく。

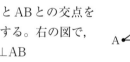

2のポイント　　　　　　〈垂直二等分線〉

線分の中点を通り，その線分に垂直な線分を，その線分の**垂直二等分線**という。

考え方

2 線分ABの垂直二等分線ℓとABとの交点をMとする。右の図で，

・ℓ⊥AB

・点Mは線分ABの中点
⇒ AM＝BM

・ℓ上の点をPとすると，PA＝PB

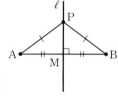

どのように作図したかがわかるように，作図に使った線は残しておく。

発展問題

□ **1** 〔**垂直二等分線の作図**〕3点A，B，Cから等しい距離にある点Pを，次の手順で求めなさい。

① 線分ABの垂直二等分線 ℓ をひく。

② 線分BCの垂直二等分線 m をひく。

③ 2直線 ℓ ，m の交点をPとする。

A

B

C

完成問題

1 次の問いに答えなさい。ただし，作図は定規とコンパスを使い，作図に用いた線は消さないこと。

□ (1) 右の図のように，点Pと直線 ℓ がある。また，2点A，Bは直線 ℓ 上の点である。線分ABを1辺とし，次の条件①，②をともにみたす直角三角形ABCを作図しなさい。　　　（大分）

（条件） ① ∠A＝90°である。

② 点Pは辺BC上にある。

□ (2) 頂点Aを通り，△ABCの面積を2等分する直線を作図しなさい。（徳島）

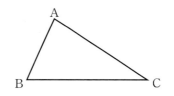

 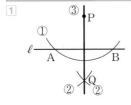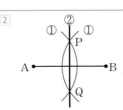

37 作図②

□ **1** ∠AOBの二等分線を，次の手順で作図しなさい。

① 頂点Oを中心とする円をかき，線分OA，OBとの交点をそれぞれC，Dとする。

② C，Dを中心として等しい半径の円をかき，その交点の１つをEとする。

③ 半直線OEをひく。

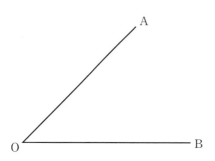

□ **2** 円Oに点Aで接する直線を，次の手順で作図しなさい。

① ２点O，Aを通る半直線OAをひく。

② 点Aを通り，半直線OAに垂直な直線をひく。

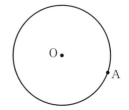

1のポイント　　　　　〈角の二等分線〉

１つの角を２等分する半直線を，その角の二等分線という。

考え方

1 ∠AOBの二等分線をOEとする。

右の図で，

∠AOE＝∠BOE

＝$\frac{1}{2}$∠AOB

OE上の点Pから，

OA，OBにそれぞれ垂線PF，PGをひくと，

PF＝PG

2のポイント　　　　　〈円の接線〉

円の接線は，接点を通る半径に垂直である。

右の図で，

OP⊥ℓ

考え方

2 円Oに点Aで接する直線は，次のように作図することもできる。

①′ ２点O，Aを通る半直線をひき，半直線上にOA＝AA′となる点A′をとる。

②′ 線分OA′の垂直二等分線をひく。

発展問題

□ **1** 〔垂線と角の二等分線の作図〕

点Dを通る辺ABの垂線上にあり，2辺AB，ACまでの距離が等しい点Pを，次の手順で求めなさい。

① 点Dを通るABの垂線をひく。

② ∠CABの二等分線をひく。

③ ①，②の直線の交点をPとする。

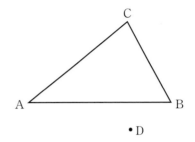

□ **2** 〔円の作図〕2点A，Bを通り，直線ℓに接する円Oを，次の手順で作図しなさい。

① 線分ABの垂直二等分線をひく。

② 点Aを通る直線ℓの垂線をひく。

③ ①，②の直線の交点をOとし，半径OAの円をかく。

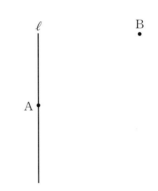

完成問題

□ **1** 右の図のように，∠XOYと線分OY上の点Aがあるとき，中心が∠XOYの二等分線上にあり，線分OYと点Aで接する円を作図しなさい。ただし，作図は定規とコンパスを使い，作図に用いた線は消さないこと。　　（三重）

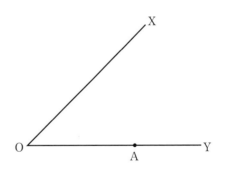

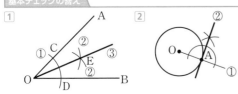

38 図形の移動①

基本チェック

1 次の問いに答えなさい。

□(1)　下の図で，△ABCを目盛りにそって，右へ6目盛りだけ平行移動させた△A′B′C′をかきなさい。

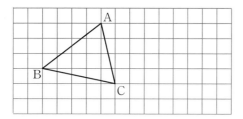

□(2)　下の図で，四角形ABCDを目盛りにそって，右へ7目盛り，上へ4目盛りだけ平行移動させた四角形A′B′C′D′をかきなさい。

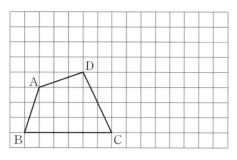

2 次の問いに答えなさい。

□(1)　下の図で，△ABCを点Cを中心として，時計まわりに90°だけ回転移動させた△A′B′Cをかきなさい。

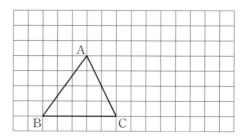

□(2)　下の図で，△ABCを点Oを中心として，180°だけ回転移動させた△A′B′C′をかきなさい。

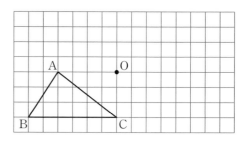

1のポイント　　　　〈平行移動〉

●形や大きさを変えずに，ある図形を他の位置に移すことを移動という。

●図形を一定の方向に，一定の距離だけ動かす移動を平行移動という。

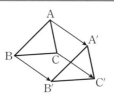

2のポイント　　　　〈回転移動〉

図形を1つの点Oを中心として，ある角度だけ回転させる移動を回転移動という。このとき，点Oを回転の中心という。

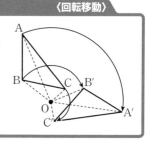

考え方

1(1)　各頂点を6目盛りずつ右へ移動させる。対応する点A′，B′，C′をまちがえないように注意する。

(2)　各頂点を右へ7目盛り，上へ4目盛り移動させる。

考え方

2(1)　CB′⊥CBかつCB′＝CBとなる点B′をとる。

(2)　各頂点からそれぞれ点Oを通る直線をひき，OA＝OA′，OB＝OB′，OC＝OC′となる点A′，B′，C′をとる。このように，図形を180°回転させる移動を点対称移動という。

発展問題

□ **1** 〔回転移動と平行移動〕下の図で，△ABCを点Cを中心として，反時計まわりに90°だけ回転移動させた後，目盛りにそって，右へ6目盛り，上へ2目盛りだけ平行移動させた△A′B′C′をかきなさい。

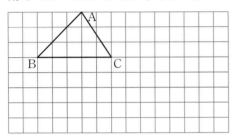

2 〔図形の中での移動〕

右の図は，合同な直角二等辺三角形をしきつめたものである。次の問いに答えなさい。

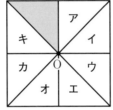

□(1) 影をつけた三角形を，平行移動させて重なる三角形を，ア～キから1つ選び，記号で答えなさい。

□(2) 影をつけた三角形を，点Oを中心として回転移動させて重なる三角形を，ア～キからすべて選び，記号で答えなさい。

完成問題

□ **1** 下の図のような位置関係にある合同な三角形ア～カがある。次の問いに答えなさい。

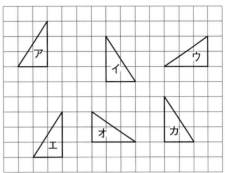

□(1) 平行移動だけでアに重なる三角形を1つ選び，記号で答えなさい。また，アへの平行移動の方向と距離を，図の中に矢印のついた線分で表しなさい。

□(2) 平行移動と回転移動を組み合わせると，アに重なる三角形を1つ選び，記号で答えなさい。また，このときの回転の角度を答えなさい。

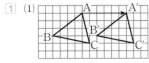
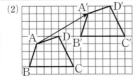
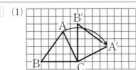
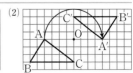

39 図形の移動②

基本チェック

1 次の問いに答えなさい。

□(1) 下の図で，△ABCを直線ℓを軸として対称移動させた△A′B′C′をかきなさい。

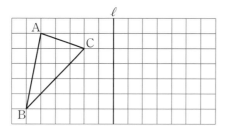

□(2) 下の図で，四角形ABCDを直線ℓを軸として対称移動させた四角形A′B′C′D′をかきなさい。

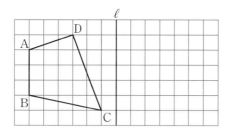

2 次の問いに答えなさい。

□(1) 下の図で，線分ABを直線ℓを軸として対称移動させた線分A′B′を作図しなさい。

□(2) 下の図で，△ABCを点Cを中心として，時計まわりに90°だけ回転移動させた△A′B′Cを作図しなさい。

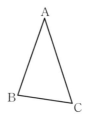

1のポイント 〈対称移動〉

図形を，ある直線を折り目として折り返すように移動することを対称移動といい，折り目とした直線を対称の軸という。

考え方

1(1) 直線ℓをはさんで反対側に，各頂点から直線ℓまでの距離が等しい点をとっていく。対称移動した各点を線分で結ぶ。

2のポイント 〈図形の移動と作図〉

対称移動した図形を作図するには，
①各頂点から，対称の軸に対し垂線をひく。
②各頂点から対称の軸までの距離を，コンパスでうつしとる。

考え方

2(1) 2点A，Bから直線ℓに対し，それぞれ垂線をひく。

(2) 点Cを通るACの垂線，点Cを通るBCの垂線を作図する。

発展問題

□ **1** 〔**対称移動**〕下の図で，四角形ABCDを直線 ℓ を軸として対称移動させた四角形A′B′C′D′をかきなさい。

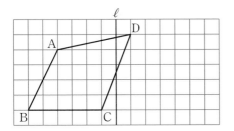

□ **2** 〔**対称移動の作図**〕下の図で，△ABCを直線 ℓ を軸として対称移動させた△A′B′C′を作図しなさい。

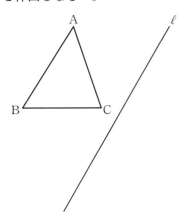

完成問題

□ **1** 下の図の△PQRは，△ABCを対称移動させたものである。このとき，対称の軸を作図しなさい。　　　　　　　　　（新潟）

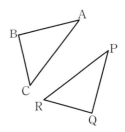

□ **2** 下の図で，△DEFは△ABCを回転移動させた図形である。このとき，回転の中心Oを作図によって求めなさい。

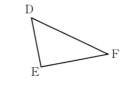

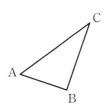

1 (1) 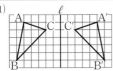　(2)

2 (1) 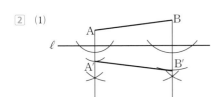　(2)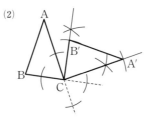

40 空間図形①

基本チェック

1 右の図の直方体について、次の問いに答えなさい。

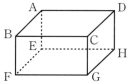

- (1) 面ABFEと平行な面はどれか、答えなさい。

- (2) 面ABFEと垂直な辺をすべて答えなさい。

- (3) 辺ABと垂直な辺はいくつあるか、答えなさい。

- (4) 辺ABとねじれの位置にある辺をすべて答えなさい。

2 右の図の展開図を組み立ててできる直方体について、次の問いに答えなさい。

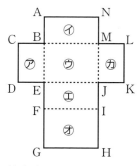

- (1) 辺CDと重なる辺はどれか、答えなさい。

- (2) 辺ABと垂直な面はどれとどれか。⑦～⑦の記号で答えなさい。

- (3) 辺ABと辺HIの位置関係を答えなさい。

考え方

1(1) 直方体の向かい合う面は平行である。

(2) 辺ADは、面ABFE上の辺ABと辺AEに垂直であるから、辺ADは面ABFEと垂直である。

(3) 辺ABと交わる辺を調べる。

1(4)のポイント　　　　〈2直線の位置関係〉

空間内で、平行でなく、交わらない2つの直線は、ねじれの位置にあるという。

考え方

1(4) 辺ABと平行でなく、交わらない辺をさがす。
└─同じ平面上にない。

2のポイント　　　　〈展開図と見取図〉

展開図と見取図の頂点の位置を正しくとらえて、直線や平面の位置関係を考える。

考え方

2 見取図をかいて考える。

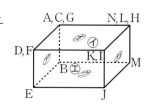

(1) 点Cと点A、点Gが重なり、点Dと点Fが重なる。

(3) 辺ABと辺HIは、同じ平面上にない。

発展問題

1 〔直線や平面の位置関係〕下の図のような底面が直角三角形である三角柱について、次の問いに答えなさい。

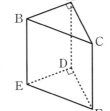

☐(1) 面 ABED と垂直な面はいくつあるか、答えなさい。

☐(2) 辺 BE と平行な辺をすべて答えなさい。

☐(3) 辺 AB とねじれの位置にある辺をすべて答えなさい。

2 〔立方体の展開図〕下の図の展開図を組み立ててできる立方体について、次の問いに答えなさい。

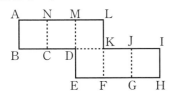

☐(1) 辺 AB と重なる辺はどれか、答えなさい。

☐(2) 辺 AB と次の辺の位置関係を答えなさい。
　① 辺 KF

　② 辺 IH

完成問題

1 右の図の正四角すい OABCD の辺のうち、辺 AB とねじれの位置にある辺をすべて答えなさい。

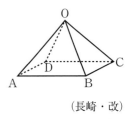

（長崎・改）

2 右の図は、立方体の展開図である。この展開図を組み立ててできる立方体において、

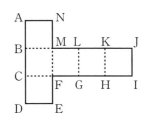

次のア〜エのうちから、辺 AN とねじれの位置にある辺を1つ選び、記号で答えなさい。

（千葉）

ア　辺 GH　　　　　イ　辺 HI

ウ　辺 JK　　　　　エ　辺 KL

3 図1は、立方体の各面に対角線をひいたもので、図2は、図1の立方体の展開図に対角線 AC をかき入れたものである。図2に対角線 AF、AH、CF、CH、FH をかき入れなさい。ただし、頂点の記号は書かなくてもよい。

（山梨・改）

41

空間図形②

1 次の立体の表面積を求めなさい。

□(1)　三角柱

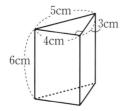

□(2)　展開図が下の図のようになる円柱
（円周率は π とする。）

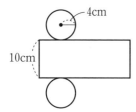

2 次の立体の体積を求めなさい。

□(1)　四角柱

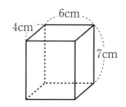

□(2)　正四角すい

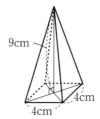

1のポイント　〈立体の表面積，側面積，底面積〉

側面全体の面積を側面積，1つの底面の面積を底
面積，立体のすべての面の面積を表面積という。

考え方

1(1)　側面積…$6 \times (4+3+5) = 72$ (cm²)

底面積…$\dfrac{1}{2} \times 4 \times 3 = 6$ (cm²)

だから，表面積は，

$72 + 6 \times 2$

　　　角柱や円柱の底面は2つある。

(2)　側面の長方形の横の長さは，底面の円周の
長さに等しい。

$2\pi \times 4 = 8\pi$ (cm)

側面積…$10 \times 8\pi = 80\pi$ (cm²)

底面積…$\pi \times 4^2 = 16\pi$ (cm²)

だから，表面積は，

$80\pi + 16\pi \times 2$

2のポイント　　　　　　　　〈立体の体積〉

角柱・角すいの底面積を S ，高さを h ，体積を V
とすると，

●角柱の体積…$V = Sh$

●角すいの体積…$V = \dfrac{1}{3}Sh$

円柱・円すいの底面の円の半径を r ，高さを h ，
体積を V とすると，

●円柱の体積…$V = \pi r^2 h$

●円すいの体積…$V = \dfrac{1}{3}\pi r^2 h$

考え方

2(1)　底面積…$4 \times 6 = 24$ (cm²)

$V = 24 \times 7$

(2)　底面積…$4 \times 4 = 16$ (cm²)

$V = \dfrac{1}{3} \times 16 \times 9$

発展問題

1　〔表面積〕次の立体の表面積を求めなさい。

□(1)　円柱　（円周率は π とする。）

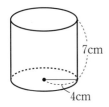

7cm
4cm

□(2)　正四角すい

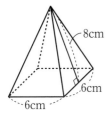

8cm
6cm
6cm

2　〔体積〕次の立体の体積を求めなさい。

□(1)　円すい　（円周率は π とする。）

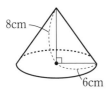

8cm
6cm

□(2)　三角すい　（BC⊥DC，AC⊥△BCD）

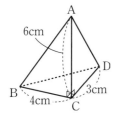

A
6cm
B
4cm
C
3cm
D

完成問題

□**1**　右の図は，底面 ABCDE が CD＝6 cm，∠BCD＝∠CDE＝90°，BC＝DE＝2 cm，AB＝AE＝5 cm の五角形で FM⊥JG，FM＝4 cm，側面がすべて長方形の五角柱 ABCDEFGHIJ を表しており，AF＝3 cm である。この立体の表面積を求めなさい。

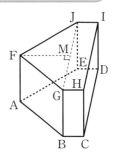

（福岡・改）

□**2**　右の図は，AD∥BC の台形 ABCD を底面とする四角柱の展開図であり，

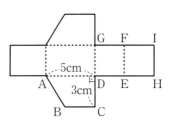

AD＝5 cm，CD＝3 cm，∠ADC＝90° で，四角形DEFGと四角形EHIFはともに正方形である。このとき，この展開図を点線で折り曲げてできる四角柱の体積を求めなさい。

（神奈川）

□**3**　右の図のような，1 辺 4 cm の立方体から三角すい ABDE を取り除いてできた残りの立体の体積を求めなさい。　（福井）

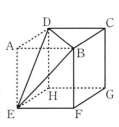

42 空間図形③

基本チェック

1 右の図について，次の問いに答えなさい。ただし，円周率はπとする。

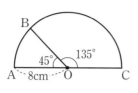

□(1) $\overset{\frown}{BC}$ の長さは $\overset{\frown}{AB}$ の長さの何倍か，求めなさい。

□(2) おうぎ形OABの $\overset{\frown}{AB}$ の長さを求めなさい。

□(3) おうぎ形OABの面積を求めなさい。

2 右の図は，円すいの展開図である。次の問いに答えなさい。ただし，円周率はπとする。

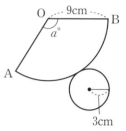

□(1) おうぎ形OABの $\overset{\frown}{AB}$ の長さを求めなさい。

□(2) おうぎ形OABの中心角を求めなさい。

□(3) この円すいの表面積を求めなさい。

1(1)のポイント 〈おうぎ形の弧の長さと中心角〉

同じ半径の円では，おうぎ形の弧の長さは中心角の大きさに比例する。

考え方

1(1) 135÷45 で求められる。

1(2)(3)のポイント 〈おうぎ形の弧の長さと面積〉

半径 r，中心角 $a°$ のおうぎ形の弧の長さ ℓ と面積 S は，

$$\ell = 2\pi r \times \frac{a}{360}, \quad S = \pi r^2 \times \frac{a}{360}$$

考え方

1(2) $\overset{\frown}{AB} = 2\pi \times 8 \times \dfrac{45}{360}$

(3) 面積… $\pi \times 8^2 \times \dfrac{45}{360}$

2のポイント 〈円すいの側面と底面〉

円すいの展開図では，側面のおうぎ形の弧の長さと底面の円周の長さは等しい。

考え方

2(1) $\overset{\frown}{AB}$ は，底面の円周に等しいから，

$$\overset{\frown}{AB} = 2\pi \times 3 \cdots\cdots ①$$

(2) 半径 9 cm，中心角 $a°$ のおうぎ形OABの弧の長さは，

$$\overset{\frown}{AB} = 2\pi \times 9 \times \frac{a}{360} \cdots\cdots ②$$

①=② から，a の値を求める。

(3) (表面積)＝(側面積)＋(底面積)

側面積… $\pi \times 9^2 \times \dfrac{a}{360}$

底面積… $\pi \times 3^2$

発展問題

1〔おうぎ形の弧の長さと中心角〕

右の図において，
$\overset{\frown}{AB}$ の長さは $\overset{\frown}{AC}$
の長さの何倍か，
求めなさい。

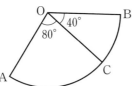

2〔おうぎ形の弧の長さと面積〕次のおうぎ形の弧の長さと面積を求めなさい。

□(1)　半径 9 cm，中心角60°のおうぎ形

□(2)　半径 5 cm，中心角72°のおうぎ形

3〔円すいの表面積〕下の図は，円すいの展開図である。次の問いに答えなさい。

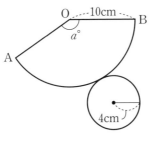

□(1)　おうぎ形
OABの中心
角を求めな
さい。

□(2)　円すいの表面積を求めなさい。

完成問題

1　右の図のように，
ABを直径とする半
円がある。

∠ABQ＝60° となる
とき，$\overset{\frown}{AQ}$ の長さは $\overset{\frown}{AB}$ の長さの何倍か，求
めなさい。

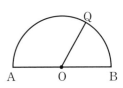

（広島・改）

2　右の図は，底面の円
の半径が 8 cm，母線の
長さが10cmの円すいで
ある。側面の展開図のおうぎ形について，そ
の中心角の大きさは何度か，求めなさい。

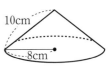

（鹿児島）

3　右の図のように，
底面の半径が 4 cm
の円すいを，頂点O
を中心として平面上で転がしたところ，太線
で示した円の上を1周してもとの場所にかえ
るまでに，ちょうど3回転した。次の問いに
答えなさい。　　　　　　　　　　（福島）

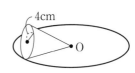

□(1)　太線で示した円の周の長さを求めなさい。

□(2)　転がした円すいの表面積を求めなさい。

43 空間図形④

基本チェック

1 次の図をそれぞれ直線 ℓ を軸として1回転すると，どんな立体ができるか。見取図を下の**ア**～**エ**から選び，記号で答えなさい。

□(1)

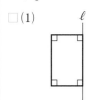

□(2)

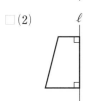

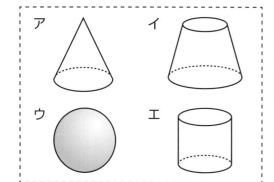

ア　　　　　　　イ

ウ　　　　　　　エ

2 次のような図形を直線 ℓ を軸として1回転させてできる立体の体積を求めなさい。ただし，円周率は π とする。

□(1)

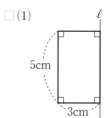

5cm

3cm

□(2)

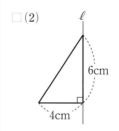

6cm

4cm

考え方

1 下の図のように，回転軸 ℓ に垂直な線分を，ℓ を軸として1回転させると，円ができる。

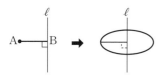

(1) 長方形を，ℓ を軸として1回転させると，円柱ができる。

(2) このような台形を，ℓ を軸として1回転させると，円すいを底面に平行な平面で切り，上側の円すいを除いた立体ができる。

2のポイント　　〈回転体の体積の求め方〉

回転してできる立体の見取図をかき，半径と高さを読みとり，公式にあてはめる。

考え方

2(1) 右の図のような円柱ができる。底面の円の半径を r，高さを h，体積を V とすると，
$$V=\pi r^2 h$$

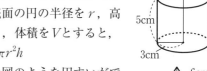

5cm

3cm

(2) 右の図のような円すいができる。底面の円の半径を r，高さを h，体積を V とすると，
$$V=\frac{1}{3}\pi r^2 h$$

6cm

4cm

発展問題

□ **1** 〔回転体のもとの図形〕次の回転体は，どのような図形を回転させたものか。もとの図形とその回転軸を下のア〜ウから選び，記号で答えなさい。

ア 軸　　イ 軸　　ウ 軸

 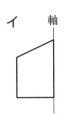 

□ **2** 〔回転体の体積〕次の問いに答えなさい。ただし，円周率はπとする。

□(1) 右の図の直角三角形ABCを，辺ABを軸として1回転させてできる円すいの体積を求めなさい。

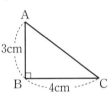

□(2) 右の図は，AC＝8cm，BM＝3cmの△ABCで，Mは辺ACの中点である。△ABCをACを軸として1回転させてできる立体の体積を求めなさい。

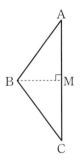

完成問題

□ **1** 右の図の△ABCを，直線ℓを軸として1回転させると，どのような立体ができるか，その見取図をかきなさい。 （和歌山）

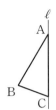

□ **2** 右の図で，長方形ABCDは，AB＝4cm，BC＝2cm，また，辺DCと直線ℓは平行で，1cmの距離にある。このとき，長方形ABCDを，直線ℓを軸として，1回転させてできる立体の体積を求めなさい。ただし，円周率はπとする。 （埼玉）

□ **3** 右の図のような台形ABCDがある。この台形を辺ABを軸として1回転させてできる立体の体積を求めなさい。ただし，円周率はπとする。 （大分）

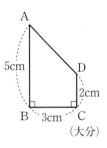

44 空間図形⑤

基本チェック

1 次の投影図は、それぞれどんな立体を表したものであるか、見取図を下の**ア〜エ**から選び、記号で答えなさい。

☐(1)

(立面図)

(平面図)

☐(2)

(立面図)

(平面図)

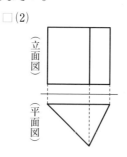

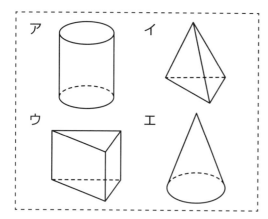

ア

イ

ウ

エ

2 右の図は、半径3cmの半球と、その半球がちょうど入る円柱である。次の問いに答えなさい。ただし、円周率はπとする。

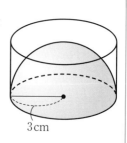

3cm

☐(1) 円柱の側面積を求めなさい。

☐(2) 半球の表面積を求めなさい。

☐(3) 半球の体積を求めなさい。

1のポイント 〈立体の投影図〉

立体をある方向から見て、平面に表した図を投影図という。
●正面から見た投影図を立面図という。
●上から見た投影図を平面図という。

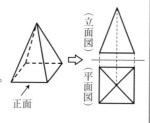

正面

(立面図)
(平面図)

考え方

1(1) 平面図が円になるのは、**ア**の円柱と**エ**の円すいである。

(2) 平面図が三角形になるのは、**イ**の三角すいと**ウ**の三角柱である。

2のポイント 〈球の体積と表面積〉

半径 r の球の体積を V、表面積を S とすると、

● $V = \dfrac{4}{3}\pi r^3$

● $S = 4\pi r^2$

球の表面積 S は、その球がちょうど入る円柱の側面積に等しい。

r

考え方

2(2) 球の表面積の半分を求めて、底面の円の面積をたすのを忘れないようにする。球の表面積の半分は、図の円柱の側面積と同じであることより考えてもよい。

(3) 球の体積の公式より、$\dfrac{1}{2}V = \dfrac{1}{2} \times \dfrac{4}{3}\pi r^3$

発展問題

□ **1** 〔立体の投影図〕次のように立体を置いたときの，正面から見た立体の立面図と平面図をかきなさい。

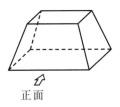

正面

□ **2** 〔球の体積と表面積〕

右の図は，底面の半径が6cm，高さが6cmの円柱から，半径が6cmの半球をくり抜いた形の立体である。この立体の体積と表面積を求めなさい。

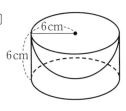

完成問題

□ **1** 右の投影図で表されるような，底面が正方形の多面体がある。この多面体の体積を求めなさい。

（北海道）

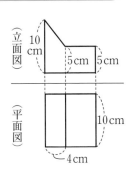

□ **2** 右の図のように，底面の円の直径と高さが6cmの円すいと，直径が6cmの球，および底面の円の直径と高さが6cmの円柱がある。

このとき，円すいと球と円柱の体積の比を求めなさい。

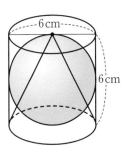

□ **3** 右の図の斜線部は，直角三角形からおうぎ形を取り除いた図形である。

この図形を，直線ℓを軸として1回転させてできる立体の体積を求めなさい。

（福島・改）

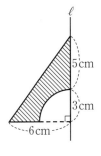

45

多角形の角

1 下の図で，∠xの大きさを求めなさい。

□ (1)

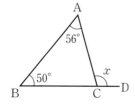

□ (2)　AB＝AC

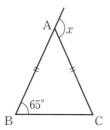

2 次の問いに答えなさい。

□ (1)　九角形の内角の和を求めなさい。

□ (2)　正八角形の1つの外角の大きさを求めなさい。

□ (3)　下の図で，∠xの大きさを求めなさい。

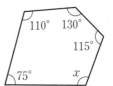

1(1)のポイント　〈三角形の内角と外角〉

三角形の1つの外角は，それととなり合わない2つの内角の和に等しい。

考え方

1(1)　∠A＋∠B＋∠ACB＝180°
　　　∠ACB＋∠ACD＝180°
　　　よって，∠A＋∠B＝∠ACD
　　　∠x＝56°＋50°

1(2)のポイント　〈二等辺三角形の性質〉

二等辺三角形の2つの底角は等しい。

考え方

1(2)　△ABCは，AB＝AC の二等辺三角形であるから，
　　　∠B＝∠C＝65°
　　　∠x＝65°＋65°

2のポイント　〈多角形の内角の和，外角の和〉

● n 角形の内角の和は，180°×(n−2) である。
● n 角形の外角の和は，つねに360°である。

考え方

2　三角形，四角形，五角形，六角形の内角の和は覚えておくとよい。

(1)　180°×(n−2) に n＝9 を代入する。

(2)　多角形の外角の和は360°で，正八角形の8つの外角の大きさは等しいから，1つの外角の大きさは，360°÷8　　（外角の和）÷8
　　で求めることができる。

(3)　五角形の内角の和は，
　　　180°×(5−2)＝540°
　　であるから，
　　　∠x＋75°＋110°＋130°＋115°＝540°
　　これより，∠xの大きさを求める。

発展問題

1 〔三角形の内角と外角〕下の図で，∠x，∠y の大きさを求めなさい。

□(1)

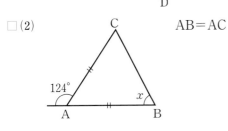

□(2)　　　　　　AB＝AC

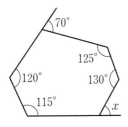

2 〔多角形の角〕次の問いに答えなさい。

□(1)　内角の和が900°になるのは何角形か，答えなさい。

□(2)　1つの外角の大きさが30°の正多角形がある。この多角形は正何角形か，答えなさい。

□(3)　下の図で，∠x の大きさを求めなさい。

70°
125°
120°　　130°
115°　　x

完成問題

1 右の図において，△ABC は AB＝AC の二等辺三角形であり，∠ACB＝32°である。DB＝DE＝EA となるような点D，E を，それぞれ辺BA，BC上にとる。このとき，∠CAE の大きさを求めなさい。　　（静岡）

2 右の図で，∠A＝25°，∠B＝80°，∠C＝30°であるとき，∠x の大きさを求めなさい。　　（宮崎）

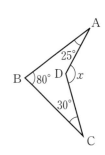

3 右の図のような正五角形ABCDE がある。線分AD と線分BE との交点をF とするとき，∠EFD の大きさを求めなさい。　　（茨城）

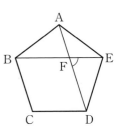

46 平行線と角

基本チェック

1 次の図で，$\ell /\!/ m$ のとき，$\angle x$，$\angle y$ の大きさを求めなさい。

□(1)

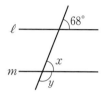

□(2)

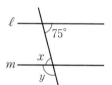

□(3)

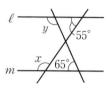

□(4)

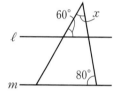

1 のポイント 〈平行線と角〉

平行な 2 直線に 1 つの直線が交わるとき，
● 同位角は等しい。
● 錯角は等しい。

右の図で，
　$\angle a$ と $\angle c$ を同位角，
　$\angle b$ と $\angle c$ を錯角という。

また，2 直線に 1 つの直線が交わるとき，
● 同位角が等しければ，2 直線は平行。
● 錯角が等しければ，2 直線は平行。

考え方

1(1)　$\angle x$ は，$68°$ の角と同位角である。
　　また，$\angle x + \angle y = 180°$

(2)　$\angle x$ は，$75°$ の角と錯角である。
　　また，$\angle x + \angle y = 180°$

(3)　錯角が等しいことから，
　　右の図のようになる。
　　　$\angle x + 55° = 180°$
　　　$\angle y + 65° = 180°$

(4)　同位角は等しいから，
　　右の図のようになる。
　　　$\angle x + 60° + 80°$
　　　$= 180°$
　　　三角形の内角の和は $180°$

〔参考〕　(3)から，次のことが成り立つことがわかる。
　　　$\ell /\!/ m$ ならば，
　　　　$\angle a + \angle b = 180°$

発展問題

1 〔平行線と角〕次の図で，$\ell /\!/ m$ のとき，$\angle x$，$\angle y$ の大きさを求めなさい。

□(1)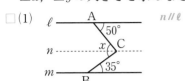

□(2)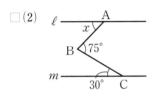

□(3)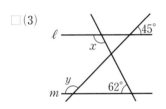

□(4)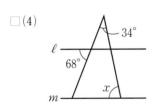

完成問題

1 次の図で，$\ell /\!/ m$ のとき，$\angle x$ の大きさを求めなさい。

□(1)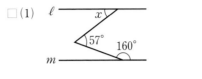

（栃木）

□(2)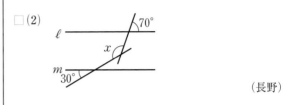

（長野）

□(3)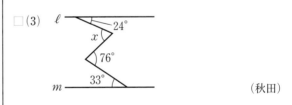

（秋田）

□(4)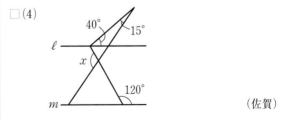

（佐賀）

47 三角形の合同

基本チェック

1 次の図の△ABCと△DEFについて，(1)，(2)の条件のほかに，どんな条件を1つ加えれば，△ABC≡△DEFになるか。残りの条件をそれぞれ2通り答えなさい。

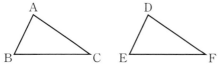

□(1)　AB＝DE，AC＝DF

□(2)　AB＝DE，∠B＝∠E

□**2** 右の図で，点Mが線分AB，CDそれぞれの中点であるとき，△MAC≡△MBDであることを，次のように証明した。□をうめなさい。

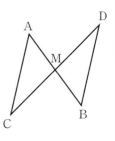

〔証明〕　△MACと△MBDにおいて，

仮定より，点Mは線分ABの中点であるから，

MA＝^ア[　　　　　]　……①

点Mは線分CDの中点であるから，

MC＝^イ[　　　　　]　……②

対頂角は等しいから，

∠AMC＝^ウ[　　　　　]　……③

①，②，③より，

^エ[　　　　　　　　　　]が

それぞれ等しいから，

△MAC≡^オ[　　　　　]

---

1 2 のポイント　〈三角形の合同条件〉

① 3組の辺がそれぞれ等しい。
　(AB＝DE，BC＝EF，CA＝FD)
② 2組の辺とその間の角がそれぞれ等しい。
　(AB＝DE，BC＝EF，∠B＝∠E)
③ 1組の辺とその両端の角がそれぞれ等しい。
　(BC＝EF，∠B＝∠E，∠C＝∠F)

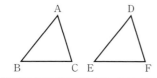

考え方

1(1)　たとえば，∠B＝∠Eがわかれば，条件のAB＝DE，AC＝DFとで，三角形の合同条件にあてはまるかどうかを考える。

(2)　∠C＝∠Fのとき，∠A＝∠Dになる。

2　仮定の"点Mは線分AB，CDそれぞれの中点である"から，①，②がいえる。"対頂角は等しい"は定理である。

定理には，次のようなものがある。

(例)　平行線の錯角や同位角は等しい。
　　　三角形の内角の和は180°である。

発展問題

□1 〔三角形の合同の証明〕

右の図のような
AD∥BC の台形
ABCD がある。対角線
BD の中点を E とし，
AE の延長と辺 BC との
交点を F とするとき，

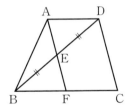

　　△ADE≡△FBE

であることを，次のように証明した。☐
をうめなさい。

〔証明〕　△ADE と△FBE において，

仮定より，DE = ⁷☐ 　　……①

AD∥BC より，平行線の錯角は等しいから，

∠ADE = ⁱ☐ 　　……②

また，ᵘ☐ は等しいから，

∠AED = ᵉ☐ 　　……③

①，②，③より，

ᵒ☐ が

それぞれ等しいから，

　　△ADE≡△FBE

□2 〔三角形の合同の証明〕

右の図のように，長方
形 ABCD を対角線 BD を
折り目として折り返し，
頂点 C が移った点を E，
AD と BE の交点を F とす
る。このとき，

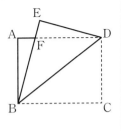

　　△FAB≡△FED

であることを証明したい。次の証明の続きを

書いて，証明を完成させなさい。

〔証明〕　△FAB と△FED において，

長方形の向かい合う辺は等しいから，

　　AB＝ED 　　……①

完成問題

□1 右の図のような正
三角形 ABC の BC の延
長上に点 D をとり，線
分 AD 上に AB∥EC と
なるように点 E をとる。
また，辺 AC 上に CE＝CF となるように点 F
をとり，点 B と結ぶ。このとき，
△BCF≡△ACE となることを証明しなさい。

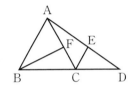

（高知・改）

基本チェックの答え

1 (1) BC＝EF，∠A＝∠D （∠BAC＝∠EDF）

　　(2) BC＝EF，∠A＝∠D （∠BAC＝∠EDF），〔または，∠C＝∠F （∠BCA＝∠EFD）〕

2 ⁷…MB　　ⁱ…MD　　ᵘ…∠BMD　　ᵉ…2組の辺とその間の角　　ᵒ…△MBD

48 直角三角形の合同

□ **1** 次の図の△ABCと△DEFについて，∠B＝∠E＝90°，AC＝DF である。この2つの三角形が合同であるためには，あと1つ条件が必要である。

残りの1つの条件を4通り答えなさい。

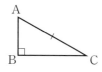 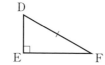

□ **2** 右の図のように，∠XOYの内部の点PからOX，OYにひいた垂線PA，PBの長さが等しいとき，

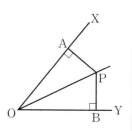

△POA≡△POB

であることを，次のように証明した。

　□　をうめなさい。

〔証明〕　△POAと△POBにおいて，仮定より，

∠PAO＝ᵃ□□□□□＝90°……①

PA＝ⁱ□□□□　……②

また，ᵘ□□□□　は共通　……③

①，②，③より，直角三角形で，

ᵉ□□□□□□がそれぞれ等しいから，

△POA≡ᵒ□□□□

---

1 2 のポイント　〈直角三角形の合同条件〉

①斜辺と他の1辺がそれぞれ等しい。

（AB＝DE，BC＝EF）

②斜辺と1つの鋭角がそれぞれ等しい。

（AB＝DE，∠B＝∠E）

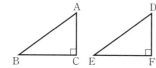

考え方

1　直角三角形で，斜辺の長さが等しいから，残りの1つの条件とで，直角三角形の合同条件になればよい。

2　仮定より，PA，PBは，それぞれOX，OYにひいた垂線であるから，△POAと△POBは直角三角形である。斜辺はどこになるかを考える。

発展問題

1 〔直角三角形の合同の証明〕

右の図のように，長方
形ABCDの辺BC上に点
Eをとり，∠EAF＝90°
の直角二等辺三角形
AEFを作る。点Fから辺
ADに垂線をひき，ADとの交点をGとする
とき，△ABE≡△AGFであることを，次の
ように証明した。□□□をうめなさい。

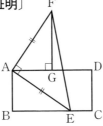

〔証明〕　△ABEと△AGFにおいて，

仮定より，

　　ア□□□＝∠AGF＝90°　　……①

　　AE＝イ□□□　　　　　　　……②

　　∠BAE＝90°－∠DAE　　　……③

　　∠GAF＝90°－∠DAE　　　……④

　③，④より，∠BAE＝∠GAF　……⑤

　①，②，⑤より，直角三角形で，

　ウ□□□□□□がそれぞれ

等しいから，

　　△ABE≡△AGF

2 〔直角三角形の合同の証明〕

右の図のように，
AB＝AC の二等辺三角形
ABCの頂点B，Cからそれ
ぞれ辺AC，ABに垂線BD，
CEをひき，BDとCEとの
交点をFとする。

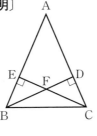

このとき，BE＝CDであることを証明した
い。次の証明の続きを書いて，証明を完成さ
せなさい。

〔証明〕　△EBCと△DCBにおいて，

仮定より，

　　∠BEC＝∠CDB＝90°　　　　……①

完成問題

1 右の図のように，
正方形ABCDと，点A
を通る直線 ℓ がある。
点Dを通り，ℓ に垂直
な直線mをひき，ℓ と
の交点をEとする。ま

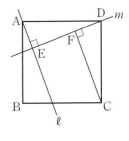

た，点Cからmに垂線CFをひく。このとき，
△ADE≡△DCFを証明しなさい。(山口・一部)

49 図形

二等辺三角形と正三角形

基本チェック

□ **1** △ABCで, ∠B＝∠C
ならば, AB＝AC である
ことを, 次のように証明
した。□をうめなさ
い。

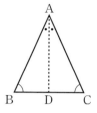

〔証明〕　∠Aの二等分線と辺BCとの交
点をDとする。

△ABDと△ACDにおいて,

∠BAD＝^{ア} □　　……①

仮定より, ∠B＝∠C　　……②

三角形の内角の和が180°であることと,
①, ②より,

∠ADB＝^{イ} □　　……③

また, ^{ウ} □ は共通　　……④

①, ③, ④より,

^{エ} □ が

それぞれ等しいから,

△ABD≡△ACD

よって, AB＝AC

□ **2** 右の図で, △ABC
と△DBEがともに正三
角形であるとき,
AD＝CE であることを,
次のように証明した。
□をうめなさい。

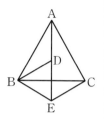

〔証明〕　△ABDと△CBEにおいて,

仮定より, AB＝CB　　……①

BD＝^{ア} □　　……②

∠ABC＝60°, ∠DBE＝60° だから,

∠ABD＝60°－∠DBC　　……③

∠CBE＝60°－^{イ} □　　……④

③, ④より, ∠ABD＝^{ウ} □

　　……⑤

①, ②, ⑤より,

^{エ} □ が

それぞれ等しいから,

△ABD≡△CBE

よって, AD＝CE

考え方

1　AB＝AC（△ABCが二等辺三角形になる）を
証明するには, ABとACをふくむ三角形が
合同であることを導く。

イは "2つの三角形で, 2組の角がそれぞれ
等しければ, 残りの角も等しくなる" ことを
示している。

エは, 3つの三角形の合同条件のどれにあて
はまるか考える。

〔参考〕　1から, 次の定理がいえる。

三角形の2つの角が等しければ, その三
角形は, 等しい2つの角を底角とする二
等辺三角形である。

2のポイント　　〈正三角形〉

● **3つの辺が等しい三角形を正三角形という。（定義）**
● **正三角形の3つの角は等しい。（性質）**

考え方

2　正三角形の定義や性質から, 2つの三角形の
合同を導く。

∠ABD＝∠ABC－∠DBC

　　　＝60°－∠DBC　　……③

となる。④も同様に考える。

③, ④から⑤を導く方法は, 角の大きさが等
しいことを示すときによく用いられるので,
覚えておくとよい。

発展問題

□ **1** 〔二等辺三角形になることの証明〕

右の図のように，
AB＝AC の△ABCで，辺
AB，AC上にそれぞれ点D，
Eを BD＝CE となるように
とり，CDとBEの交点をF
とする。

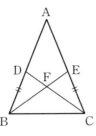

このとき，△FBCは二等辺三角形になるこ
とを，次のように証明した。□□□□をうめな
さい。

〔証明〕　△BCDと△CBEにおいて，

二等辺三角形の底角は等しいから，

$$\angle DBC = \boxed{}^{ア} \qquad \cdots\cdots①$$

仮定より，$BD = \boxed{}^{イ} \qquad \cdots\cdots②$

また，$\boxed{}^{ウ}$ は共通　　　$\cdots\cdots③$

①，②，③より，

$$\boxed{}^{エ} \text{が}$$

それぞれ等しいから，

$$\triangle BCD \equiv \triangle CBE$$

よって，$\angle FCB = \boxed{}^{オ}$

△FBCにおいて，2つの角が等しいから，
△FBCは二等辺三角形である。

□ **2** 〔正三角形の性質を利用した証明〕

右の図の
△ABCで，その
外側に2つの正
三角形△ABD，
△ACEを作り，

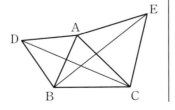

BとE，CとDをそれぞれ結ぶ。このとき，
△ADC≡△ABE を証明したい。次の証明の
続きを書いて，証明を完成させなさい。

〔証明〕　△ADCと△ABEにおいて，

仮定より，$AD = AB \qquad \cdots\cdots①$

$$AC = AE \qquad \cdots\cdots②$$

完成問題

□ **1** 右の図のように，
AB＝AC，AB＞BC
である二等辺三角形
ABCがある。頂点C
を中心として，辺BC
が辺ACと重なるまで△ABCを回転させて作
った三角形を△DECとする。また，頂点Bと
点Eを結んだ線分BEの延長上に点Fをとる。
このとき，∠AEF＝∠DEF であることを証
明しなさい。　　　　　　　　　　　　（新潟）

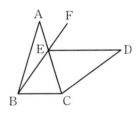

基本チェックの答え

1 ア…∠CAD　　イ…∠ADC　　ウ…AD　　エ…1組の辺とその両端の角

2 ア…BE　　イ…∠DBC　　ウ…∠CBE　　エ…2組の辺とその間の角

50 図形 平行四辺形①

1 下の図で，四角形ABCDは平行四辺形である。次の問いに答えなさい。

□(1)　x，yの値を求めなさい。

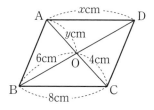

□(2)　$\angle x$，$\angle y$の大きさを求めなさい。

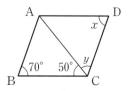

2 平行四辺形 ABCDの対角線の交点Oを通る直線が辺AB，CDと交わる点をそれぞれE，Fとするとき，EO＝FOであることを，次のように証明した。□をうめなさい。

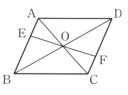

〔証明〕　△AOEと△COFにおいて，

平行四辺形の対角線はそれぞれの中点で交わるから，

　　　AO＝ ア[　　　]　……①

AB∥DC より，平行線の錯角は等しいから，

　　　∠OAE＝ イ[　　　]　……②

また，対頂角は等しいから，

　　　∠AOE＝ ウ[　　　]　……③

①，②，③より，1組の辺とその両端の角がそれぞれ等しいから，

　　　△AOE≡△COF

よって，EO＝FO

---

1 2 のポイント　〈平行四辺形の性質〉

① 2組の対辺はそれぞれ等しい。

② 2組の対角はそれぞれ等しい。

③ 対角線はそれぞれの中点で交わる。

考え方

1(1)　2組の対辺はそれぞれ等しいから，

　　　AD＝BC

　　対角線はそれぞれの中点で交わるから，

　　　AO＝CO

(2)　2組の対角はそれぞれ等しいから，

　　　$\angle x＝\angle ABC$

　　また，AB∥DC より，平行線の錯角は等しいから，

　　　$\angle y＝\angle BAC$

　　△ABCの内角の和から，$\angle y$の大きさを求める。

2　EO＝FO を証明するには，EO と FO をふくむ三角形の合同から導く。

　ここでは，△AOE≡△COF を，

●平行四辺形の対角線はそれぞれの中点で交わる。

●平行線の錯角は等しい。

●対頂角は等しい。

から導いている。

また，△BOE≡△DOF を導いて，EO＝FO を証明することもできる。証明のしかたは上と同様である。

発展問題

1 〔平行四辺形の性質〕下の図の平行四辺形ABCDで，AB∥GH，AD∥EF である。このとき，x，y の値，∠a，∠b の大きさを，それぞれ求めなさい。

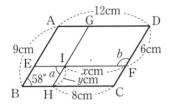

2 〔平行四辺形の性質を使った証明〕

平行四辺形ABCDで，辺AD，BCの中点をそれぞれM，Nとすると，AN＝CMとなることを証明したい。次の証明の続きを書いて，証明を完成させなさい。

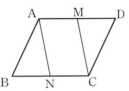

　〔証明〕　△ABN と△CDM において，

　　平行四辺形の対辺は等しいから，

　　　AB＝CD　　　　　　……①

　　平行四辺形の対角は等しいから，

完成問題

1 右の図で，四角形ABCD，BCEF はともに平行四辺形で，点Dは線分FC上にある。

　∠ADF＝41°，

∠DCE＝26° のとき，∠FBC の大きさを求めなさい。

(愛知)

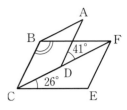

2 右の図のように，平行四辺形ABCDの対角線BD上に，BE＝DF となるような，2点E，F をとる。このとき，△AED≡△CFB であることを証明しなさい。

(栃木)

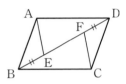

51 図形
平行四辺形②

基本チェック

□ **1** 次の性質をもつ四角形ABCDが，平行四辺形であるといえるものをすべて選び，記号で答えなさい。

ア AB＝AD＝4 cm，BC＝CD＝7 cm

イ ∠A＝∠C＝130°，∠B＝∠D＝50°

ウ ∠A＝75°，∠C＝105°，
　　　BC＝CD＝4 cm

エ 対角線AC，BDの交点をOとするとき，
　　　AO＝CO＝8 cm，BO＝DO＝6 cm

オ AB∥DC，AB＝AD＝5 cm

□ **2** 平行四辺形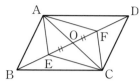
ABCDの対角線の
交点をOとし，対
角線BD上に
OE＝OFとなる点E，Fをとる。このとき，
四角形AECFは平行四辺形となることを，
次のように証明した。□□□をうめなさい。

〔証明〕　点Oは平行四辺形の対角線の交
　　　点だから，

　　　AO＝^ア□□□□　　……①

　　仮定より，OE＝^イ□□□□　　……②

　　四角形AECFにおいて，①，②より，

　^ウ
　□□□□□□□□□□□□□

　　から，四角形AECFは平行四辺形であ
　　る。

1 2 のポイント　〈平行四辺形の成立条件〉

四角形は，次の①～⑤のどれかが成り立てば，平行四辺形になる。

① 2組の対辺がそれぞれ平行である。…定義
② 2組の対辺がそれぞれ等しい。
③ 2組の対角がそれぞれ等しい。
④ 対角線がそれぞれの中点で交わる。
⑤ 1組の対辺が平行でその長さが等しい。

考え方

1 ある四角形が平行四辺形になるための条件は，平行四辺形の定義か性質が成り立てばよい。したがって，上の①～⑤にあてはまるかどうかを調べる。

ア ABとAD，BCと
CDは対辺ではない。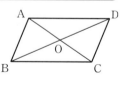

イ ∠Aと∠C，∠Bと
∠Dはそれぞれ対角で
ある。

エ ④の条件にあてはまる。

オ ABとADは対辺ではない。

2 四角形が平行四辺形であることを証明するには，左の平行四辺形の成立条件①～⑤のどれかが成り立てばよい。ここでは，④の，
　●対角線がそれぞれの中点で交わる四角形は
　　平行四辺形である。
を使っている。

□ **1** 〔平行四辺形であることの証明〕

平行四辺形ABCD
の辺AB, CDの中点
をそれぞれM, Nと
するとき, 四角形
AMCNは平行四辺形であることを, 次のよ
うに証明した。□□をうめなさい。

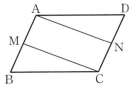

〔証明〕 四角形AMCNにおいて,

仮定より, AM∥ァ□□ ……①

$AM = \dfrac{1}{2}AB$, CN＝ィ□□

AB＝CD だから,

AM＝ゥ□□ ……②

①, ②より,

ェ□□

から, 四角形AMCNは平行四辺形である。

□ **2** 〔平行四辺形であることの証明〕

右の図のような
AD∥BC の台形
ABCD がある。CD
の中点をPとし, AD
の延長とBPの延長との交点をEとする。ま
た, BCの延長とAPの延長との交点をFとす
る。このとき, 四角形ABFEが平行四辺形で
あることを証明したい。次の証明の続きを書
いて, 証明を完成させなさい。

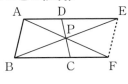

〔証明〕 △APDと△FPCにおいて,

仮定より, DP＝CP ……①

AD∥BC より, 平行線の錯角は等しい
から,

∠ADP＝∠FCP ……②

また, 対頂角は等しいから,

∠APD＝∠FPC ……③

□ **1** 右の図のように,
AB∥DC である四角
形ABCDがあり, 辺
ADの中点をE, CE
の延長とBAの延長
との交点をFとする。このとき, 四角形ACDF
は平行四辺形になることを証明しなさい。

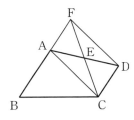

(福島)

52 長方形，ひし形，正方形

基本チェック

1 平行四辺形ABCDがある。これに，次の条件を加えると，どんな四角形になるか，答えなさい。

(1) ∠A＝90°

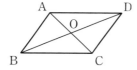

(2) AB＝BC

(3) ∠A＝90°，AB＝BC

2 右の図の長方形ABCDで，xの値と∠aの大きさをそれぞれ求めなさい。

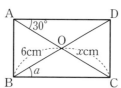

3 ひし形ABCDで，BE＝DFとなるように点E，Fをそれぞれ辺BC，DC上にとるとき，AE＝AFとなることを，次のように証明した。□をうめなさい。

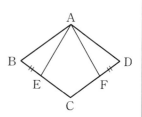

〔証明〕　△ABEと△ADFにおいて，

仮定より，BE＝^ア□　……①

四角形ABCDはひし形だから，

AB＝^イ□　……②

対角は等しいから，∠B＝∠D ……③

①，②，③より，

^ウ□が

それぞれ等しいから，

△ABE≡△ADF

よって，AE＝^エ□

1のポイント　〈長方形，ひし形，正方形の定義〉

● 4つの角が等しい四角形を長方形という。

● 4つの辺が等しい四角形をひし形という。

● 4つの角が等しく，4つの辺が等しい四角形を正方形という。

考え方

1(1)　平行四辺形の対角は等しいから，∠Cも90°になる。

(2)　平行四辺形の対辺は等しいから，4つの辺が等しくなる。

2のポイント　〈長方形の性質〉

長方形の対角線の長さは等しい。

考え方

2　平行四辺形の対角線は，それぞれの中点で交わることから，AO＝CO，BO＝DO
長方形の性質から，AC＝BD
これらから，xを求める。

3　AEとAFをふくむ2つの三角形の合同を導く。ひし形は特別な平行四辺形であり，平行四辺形の性質をもっていることから，③がいえる。②はひし形の定義からいえる。

〔参考〕　ひし形・正方形には，次の性質がある。

● ひし形の対角線は垂直に交わる。

● 正方形の対角線は長さが等しく，垂直に交わる。

発展問題

1 〔長方形・ひし形になるための条件〕

右の図のような平行四辺形で，あと1つの条件が成り立つとき，(1)，(2)のような図形になる。その条件として適するものを，下のア～オからそれぞれ2つずつ選び，記号で答えなさい。

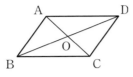

- (1) 長方形
- (2) ひし形

ア AB＝BC　　イ AB＝AC

ウ AO＝BO　　エ ∠AOD＝90°

オ ∠A＋∠C＝180°

2 〔正方形の性質を使った証明〕

下の図のように，正方形ABCDの辺AB上に点Eをとり，2点D，Eを通る直線と辺CBの延長との交点をF，DEとACの交点をGとする。このとき，∠ABG＝∠BFGであることを，次のように証明した。□をうめなさい。

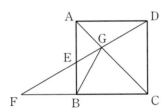

〔証明〕　△ADGと△ABGにおいて，

四角形ABCDは正方形だから，

AD＝⟨ア　　　　　⟩　……①

∠GAD＝⟨イ　　　　⟩＝45°　……②

ウ ⟨　　　　⟩は共通　……③

①，②，③より，

エ ⟨　　　　　　　　　　　　⟩が

それぞれ等しいから，

△ADG≡△ABG

よって，∠ADG＝∠ABG　……④

AD∥BCより，平行線の錯角は等しいから，

∠ADG＝⟨オ　　　　⟩　……⑤

④，⑤より，

∠ABG＝∠BFG

完成問題

1

右の図のように，正方形ABCDがある。この正方形の対角線ACの延長上に，AE＝3ACとなるように点Eをとる。また，DEを1辺とする正方形DEFGをつくり，点Cと点Gを結ぶ。このとき，△ADE≡△CDGであることを証明しなさい。

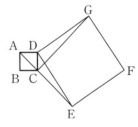

（高知）

53 平行線と面積

基本チェック

1 右の図の平行四辺形ABCDで，Eは辺ADの中点である。次の三角形と面積の等しい三角形を，すべて答えなさい。

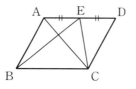

□(1)　△ABC

□(2)　△ABE

2 右の図の△ABCで，BD＝4cm，DC＝6cmであるとき，△ABDと△ACDの面積の比を求めなさい。

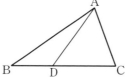

3 右の図で，AC∥DEであるとき，四角形ABCDと△ABEの面積が等しいことを，次のように証明した。□をうめなさい。

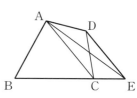

〔証明〕　AC∥DEより，ア□を底辺とみると，高さが等しいから，

△ACD＝イ□　　……①

四角形ABCD＝△ABC＋△ACD
　　　　　　　　……②

△ABE＝△ABC＋ウ□
　　　　　　　　……③

よって，①，②，③より，
四角形ABCD＝△ABE

1 3 のポイント　　〈平行線と面積〉

線分BCを共通の底辺とする△ABCと△A′BCにおいて，AA′∥BCならば
　△ABC＝△A′BC

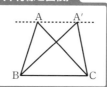

考え方

1 平行線を用いて等しい三角形の面積を考えるときは，平行線上に底辺をとって考える。

(1) 辺BCを底辺とみて，AD∥BCより考える。

(2) AEを底辺とみる。また，Eは辺ADの中点であることから，△DCEと△ABEは，底辺と高さがともに等しい。

2 (三角形の面積)＝$\frac{1}{2}$×(底辺)×(高さ)であることから，高さが等しい2つの三角形の面積の比は，底辺の比に等しい。

△ABDと△ACDで，BD，DCをそれぞれ底辺とみると，高さは等しい。
よって，
　△ABD：△ACD＝BD：DC
である。

3 AC∥DEより，
ACを底辺とみると，△ACD＝△ACE
がいえる。

発展問題

1〔平行線と面積〕下の図は，AD∥BC の台形である。次の問いに答えなさい。

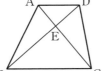

□(1)　△ABC と面積の等しい三角形を答えなさい。

□(2)　△ABE と面積の等しい三角形を答えなさい。

2〔線分の比と面積の比〕

右の図の△ABC で，
D は AB の中点，
BE：EC＝1：2 である。
△ABC の面積が18cm²
のとき，次の三角形の面積を求めなさい。

□(1)　△BDC

□(2)　△DEC

3〔面積が等しいことの証明〕

右の図の平行四辺形 ABCD で，
BD∥EF であるとき，
△ABE と△DBF の
面積が等しいことを，次のように証明した。
□□□をうめなさい。

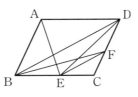

〔証明〕AD∥BC より，BE を底辺とみると，高さが等しいから，

△ABE＝ア□□□□　……①

BD∥EF より，イ□□□□を底辺とみると，高さが等しいから，

△DBE＝ウ□□□□　……②

①，②より，
△ABE＝△DBF

完成問題

1　右の図の平行四辺形ABCD において，辺BC 上に点E をとり，直線AE と辺DC の延長との交点をF とする。このとき，△AEC と△BEF の面積が等しいことを証明しなさい。（鳥取）

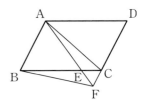

54 図形
円周角①

基本チェック

1 次の図で，Oは円の中心である。(1)〜(4)では，∠xの大きさ，(5)ではxの値を求めなさい。

☐ (1)

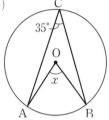

☐ (2)

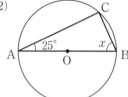

☐ (3)

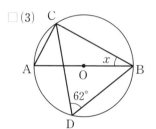

☐ (4)

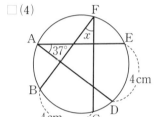

☐ (5)

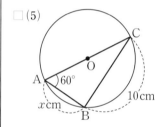

1(1)のポイント　〈円周角の定理〉

● 1つの弧に対する円周角の大きさは，中心角の大きさの半分である。
● 同じ弧に対する円周角の大きさは等しい。

考え方

1(1)　∠ACBは$\stackrel{\frown}{AB}$に対する円周角，∠AOBは$\stackrel{\frown}{AB}$に対する中心角であるから，

$$∠x = 35° × 2 \quad ← ∠AOB = 2∠ACB$$

1(2)(3)のポイント　〈半円の弧に対する円周角〉

半円の弧に対する円周角は90°である。

考え方

1(2)　∠ACBは，半円の弧に対する円周角であるから，∠ACB = 90°
　　　△ABCの内角の和より，

$$25° + 90° + ∠x = 180°$$

(3)　∠ACB = 90°
　　　同じ弧に対する円周角の大きさは等しいから，$\stackrel{\frown}{BC}$に対する円周角で，

$$∠BAC = ∠BDC = 62°$$

　　　△ABCの内角の和より，

$$90° + 62° + ∠x = 180°$$

1(4)(5)のポイント　〈弧と円周角〉

● 等しい弧に対する円周角は等しい。
● 等しい円周角に対する弧は等しい。
● 弧の長さは円周角に比例する。

考え方

1(4)　$\stackrel{\frown}{BC} = \stackrel{\frown}{DE}$ より，∠BFC = ∠DAE
(5)　弧の長さは円周角に比例するから，

$$x : 10 = ∠ACB : ∠BAC$$

発展問題

1 〔円周角と中心角，弧と円周角〕次の図で，Oは円の中心である。(1)～(3)では，∠xの大きさ，(4)ではxの値を求めなさい。

□(1)
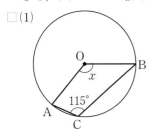

□(2)
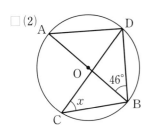

BとDを結ぶ。

□(3)
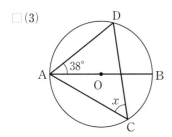

□(4)
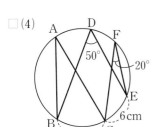

完成問題

1 次の図で，Oは円の中心である。∠x，∠yの大きさを求めなさい。

□(1) ABは直径 （岐阜）
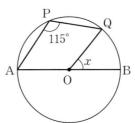

□(2) （島根・改）
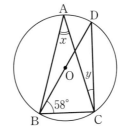

□(3) AB＝AC，BDは直径 （新潟）

□(4) $\overgroup{AE}$＝$\overgroup{ED}$，ABとCDは直径 （埼玉）
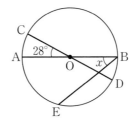

55 図形

円周角②

基本チェック

1 次の図で，∠xの大きさを求めなさい。
（Oは円の中心である。）

□(1)

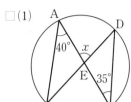

□(2)

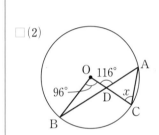

□(3)

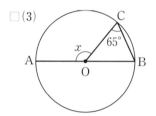

□(4)　∠BAC＝∠BDC

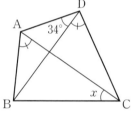

1(1)～(3)のポイント　〈三角形の内角と外角の関係〉

三角形の外角は，それととなり合わない2つの内角の和に等しい。

考え方

1(1)　$\overset{\frown}{\mathrm{AD}}$に対する円周角だから，
　　　∠ABE＝∠DCE＝35°
　　　よって，△ABEにおいて，
　　　∠x＝40°＋35°　　← ∠AED＝∠BAE＋∠ABE

(2)　円周角の定理より，
　　　∠BAC＝96°÷2＝48°
　　　よって，△ACDにおいて，
　　　∠x＋48°＝116°

(3)　OB，OCは円の半径だから，
　　　OB＝OC　　　　　△OBCは二等辺三角形

よって，∠OBC＝∠OCB＝65°
　　　△OBCにおいて，
　　　　∠x＝65°×2

1(4)のポイント　　　〈円周角の定理の逆〉

2点P，Qが直線ABの
同じ側にあって，
∠AQB＝∠APB ならば，
4点A，B，P，Qは，1
つの円周上にある。

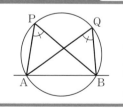

考え方

1(4)　2点A，Dは直線BCの同じ側にあって，
　　　∠BAC＝∠BDC だから，4点A，B，C，D
　　　は1つの円周上にある。

発展問題

1 〔円周角と三角形〕次の図で，∠xの大きさを求めなさい。（Oは円の中心である。）

☐(1)

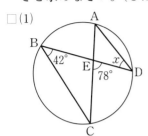

☐(2)

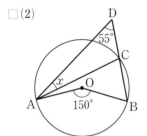

☐(3)

AとOを結ぶ。

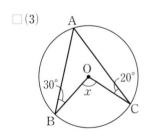

☐(4) ∠BAC＝∠BDC

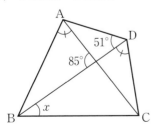

完成問題

1 次の図で，∠xの大きさを求めなさい。（Oは円の中心である。）

☐(1) （千葉）

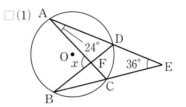

☐(2) ABは直径 （秋田）

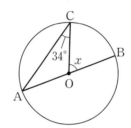

☐(3) BDは直径 （福島）

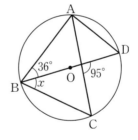

☐(4) ∠BAC＝∠BDC＝90° （佐賀）

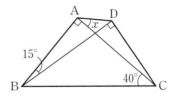

56 円周角③

基本チェック

☐ **1** 右の図のように，円の周上に3点A，B，Cをとり，△ABCをつくる。

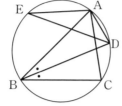

∠Bの二等分線と円との交点をDとし，AとDを結ぶ。また，$\overset{\frown}{AB}$上に点Eをとり，EとA，EとDをそれぞれ結ぶ。このとき，∠AED＝∠DACであることを，次のように証明した。☐をうめなさい。

　〔証明〕　$\overset{\frown}{AD}$に対する円周角だから，

　　　　$∠AED=^{ア}\boxed{}$

　　$\overset{\frown}{DC}$に対する円周角だから，

　　　　$∠DAC=^{イ}\boxed{}$

　　BDは∠Bの二等分線だから，

　　　$^{ア}\boxed{}=^{イ}\boxed{}$

　　　よって，∠AED＝∠DAC

☐ **2** 右の図のように，円に2つの平行な弦ABとCDをひき，四角形ACDBを作る。このとき，△ACD≡△BDCであることを，次のように証明した。☐をうめなさい。

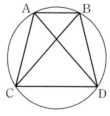

　〔証明〕　△ACDと△BDCにおいて，

　　$\overset{\frown}{AC}$に対する円周角だから，

　　　$∠ADC=^{ア}\boxed{}$　　……①

　　AB∥CDより，平行線の<ruby>錯角<rt>さっかく</rt></ruby>は等しいから，

　　　$∠ABC=^{イ}\boxed{}$　　……②

　　①，②より，

　　　$∠ADC=^{イ}\boxed{}$　　……③

　　$\overset{\frown}{AB}$に対する円周角だから，

　　　$∠ACB=^{ウ}\boxed{}$　　……④

　　$∠ACD=∠ACB+∠BCD$　　……⑤

　　$∠BDC=^{ウ}\boxed{}+∠ADC$

　　　　　　　　　　　　　　……⑥

　　③～⑥より，

　　　$∠ACD=^{エ}\boxed{}$　　……⑦

　　また，CDは共通　　……⑧

　　③，⑦，⑧より，

　　$^{オ}\boxed{}$が

　それぞれ等しいから，

　　　△ACD≡△BDC

考え方

1 ∠AED，∠DACとそれぞれ等しくなる角を，"同じ弧に対する円周角の大きさは等しい"ことから探し，角の二等分線の条件を使っている。

2 △ACDと△BDCにおいて，CDは共通だから，その<ruby>両端<rt>りょうたん</rt></ruby>の角に着目する。

①，④は，"同じ弧に対する円周角の大きさは等しい"を使っている。

発展問題

1 〔円周角と合同の証明〕

右の図で, 4点A, B, C, Dは円周上の点で, ∠ACB＝∠DBC である。ACとBDの交点をEとするとき, △ABE≡△DCE であることを, 次のように証明した。□をうめなさい。

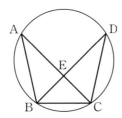

〔証明〕 △ABEと△DCEにおいて,

　$\overset{\frown}{AD}$ に対する円周角だから,

　　∠ABE＝^ア□　　……①

仮定より, △EBCは, ∠EBC＝∠ECB で二等辺三角形だから,

　　EB＝^イ□　　……②

また, 対頂角は等しいから,

　　∠AEB＝^ウ□　　……③

①, ②, ③より,

^エ□が

それぞれ等しいから,

　　△ABE≡△DCE

2 〔円周角の定理の逆を使った証明〕

正三角形ABCの辺BC上に点Dをとり, ADを1辺とする正三角形ADEを右の図のようにつくる。このとき, 4点A, D, C, Eは1つの円周上にあることを証明したい。次の証明の続きを書いて, 証明を完成させなさい。

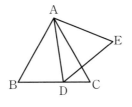

〔証明〕 仮定より, △ABCと△ADE はどちらも正三角形だから,

　　∠C＝

完成問題

1

右の図は, 内角がすべて鋭角（えいかく）である△ABCと3つの頂点A, B, Cを通る円において, 点Aから辺BCにひいた垂線と辺BCとの交点をD, 円との交点をEとし, BとEを結んだものである。また, 点Bから辺ACにひいた垂線と辺ACとの交点をFとし, 線分AEと線分BFとの交点をHとしたものである。このとき, △BHD≡△BED であることを証明しなさい。

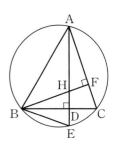

（鹿児島）

57 相似①

基本チェック

1 次の図の△ABC と△DEF について，(1)，(2)の条件のほかに，どんな条件を1つ加えれば，△ABC∽△DEF になるか。1つあげなさい。

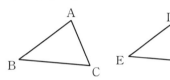

☐(1)　AB：DE＝AC：DF

☐(2)　∠B＝∠E

☐**2** 右の図で，AD∥BC であるとき，△ADE∽△CBE であることを，次のように証明した。☐をうめなさい。

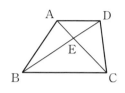

〔証明〕　△ADE と△CBE において，

AD∥BC より，平行線の錯角は等しいから，

∠DAE＝^ア☐　　……①

∠ADE＝^イ☐　　……②

①，②より，^ウ☐がそれぞれ等しいから，

△ADE∽^エ☐

1のポイント　〈三角形の相似条件〉

① 3組の辺の比がすべて等しい。
　（AB：DE＝BC：EF＝AC：DF）
② 2組の辺の比とその間の角がそれぞれ等しい。
　（AB：DE＝BC：EF，∠B＝∠E）
③ 2組の角がそれぞれ等しい。
　（∠A＝∠D，∠B＝∠E）

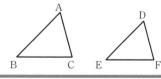

考え方

1(1)　AB：DE＝AC：DF とは，2組の辺の比が等しいということである。

これと，もう1組の辺の比が等しくなると，3組の辺の比がすべて等しくなる。

　または，これらの辺の間の角の大きさが等しくなればよい。

(2)　∠B＝∠E とは，1組の角が等しいということである。

　これと，もう1組の角が等しくなればよい。

　または，この角をはさむ2組の辺の比が等しくなればよい。

2　AD∥BC より，錯角が等しいことから，2組の角が等しいことを示す。

　①か②のかわりに，対頂角は等しいことより，

∠AED＝∠CEB

を示してもよい。

発展問題

□ 1 〔三角形の相似の証明〕

右の図で，
△ABC∽△AED で
あることを，次のよ
うに証明した。

□ をうめなさい。

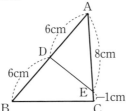

〔証明〕　△ABC と△AED において，

AB＝12cm，　AC＝9cm より，

AB：AE＝12：8＝3：ア□

AC：AD＝9：6＝イ□：ア□

よって，

AB：AE＝ウ□：エ□

　　　　　　……①

∠Aは共通　　　　　……②

①，②より，

オ□ がそ

れぞれ等しいから，

△ABC∽△AED

□ 2 〔三角形の相似の証明〕

右の図のように，
△ABCの2点A，Cから
辺BC，ABにそれぞれ垂
線AD，CE をひく。AD
とCE の交点をFとする

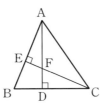

とき，△ABD∽△CFD であることを証明し
たい。次の証明の続きを書いて，証明を完成
させなさい。

〔証明〕　△ABD と△CFD において，

仮定より，

∠ADB＝∠CDF＝90°　　　……①

△ABD と△AFE において，

∠ADB＝∠AEF＝90°

∠Aは共通

であるから，残りの角も等しくなり，

∠ABD＝

完成問題

□ 1 右の図のように，
∠C＝90°の直角三角
形ABCの辺BC上に
点Pをとる。また，
AP⊥PQ となるよう

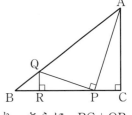

に辺AB上に点Qをとり，さらに，BC⊥QR
となるように辺BC上に点Rをとる。このと
き，△APC∽△PQR であることを証明しな
さい。　　　　　　　　　　　　　　　（島根）

58 相似②

基本チェック

□ **1** 右の図で，4点A，B，C，Dは円周上の点である。ACとBDの交点をEとするとき，△ABE∽△DCEであることを，次のように証明した。☐をうめなさい。

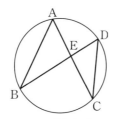

〔証明〕 △ABEと△DCEにおいて，
$\overset{\frown}{BC}$に対する円周角だから，

∠BAE＝^ア☐ ……①

対頂角は等しいから，

∠AEB＝^イ☐ ……②

①，②より，^ウ☐ がそれぞれ等しいから，
　　　△ABE∽△DCE

□ **2** 右の図のように，正三角形ABCの辺AB，AC上にそれぞれ点D，Eをとり，線分DEを折り目として折り返すと，点

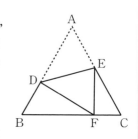

Aは辺BC上の点Fと重なった。このとき，△BFD∽△CEFであることを，次のように証明した。☐をうめなさい。

〔証明〕 △BFDと△CEFにおいて，
　　△ABCは正三角形だから，

　　∠DBF＝^ア☐ ＝60° ……①

　　∠DFE＝∠DAE＝60° より，
　　　∠DFB＝180°－(60°＋∠CFE)
　　　　　　＝120°－∠CFE ……②
　　∠FEC＝180°－(60°＋∠CFE)
　　　　　　＝120°－∠CFE ……③
　　②，③より，

　　∠DFB＝^イ☐ ……④

　　①，④より，^ウ☐ がそれぞれ等しいから，
　　　△BFD∽△CEF

考え方

1 円での相似の証明には，円周角の定理を用いる。
　①では，円周角の定理より，同じ弧に対する円周角の大きさは等しいことを使っている。
　②のかわりに，$\overset{\frown}{AD}$に対する円周角より，
　　　∠ABE＝∠DCE
を示してもよい。

2 折り返した部分は，もとの図形と合同である。
　　∠DFB＝180°－(∠DFE＋∠CFE)
　∠DFE＝60° より，
　　∠DFB＝120°－∠CFE
　また，△CEFの内角の和から，
　　∠FEC＝180°－(∠ECF＋∠CFE)
　∠ECF＝60° より，
　　∠FEC＝120°－∠CFE

発展問題

□ **1** 〔円周角と相似の証明〕

右の図のように，△ABCの辺BCを直径とする円がある。辺AB，ACと円の交点をそれぞれD，Eとし，CDとBEとの交点をFとする。このとき，△ACD∽△FBD であることを，次のように証明した。□をうめなさい。

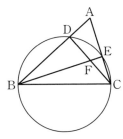

〔証明〕 △ACDと△FBDにおいて，

BCは円の直径だから，

$$\angle ADC = \boxed{}^{ア} = 90° \quad \cdots\cdots①$$

$\overparen{DE}$ に対する円周角だから，

$$\angle ACD = \boxed{}^{イ} \quad \cdots\cdots②$$

①，②より，$\boxed{}^{ウ}$ がそれ

ぞれ等しいから，

△ACD∽△FBD

□ **2** 〔折り返した図形での相似の証明〕

右の図は，長方形ABCDをEFを折り目として，頂点Bが辺AD上の点Pにくるように折り返したものである。このとき，頂点Cが移った点をQ，DFとPQの交点をRとするとき，△PDR∽△FQR であることを証明したい。次の証明の続きを書いて，証明を完成させなさい。

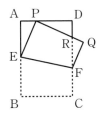

〔証明〕 △PDRと△FQRにおいて，

点Qは点Cが移った点であるから，

$$\angle PDR = \angle FQR = 90° \quad \cdots\cdots①$$

完成問題

□ **1** 右の図は，点Oを中心とする円で，線分ABは円の直径である。2点C，Dは円Oの周上にあって，線分CDは線分OBと交わっている。点EはDから線分ACにひいた垂線とACとの交点で，点FはDEの延長と円Oとの交点である。また，点Gは2つの線分AB，DEの交点である。このとき，△ADC∽△AGF であることを証明しなさい。

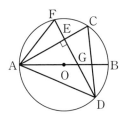

（熊本・一部）

59

相似③

基本チェック

1 右の図で，
∠ABC＝∠AED で
ある。次の問いに答
えなさい。

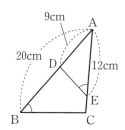

□(1)　△ABC∽△AED
である。相似条件
を答えなさい。

□(2)　△ABC と△AED の相似比を答えなさ
い。

□(3)　辺 AC の長さを求めなさい。

2 右の図で，4 点A，
B，C，D は円の周上
の点である。次の問い
に答えなさい。

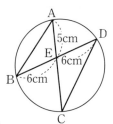

□(1)　△ABE∽△DCE で
ある。相似条件を答え
なさい。

□(2)　線分CE の長さを求めなさい。

1のポイント　　　　　　　〈相似比〉

相似な図形の，対応する辺の比を相似比という。

考え方

1(1)　△ABC と△AED において，
　　　仮定より，∠ABC＝∠AED
　　　　　　　　∠A は共通

(2)　△ABC と△AED で，対応する辺は AB と
　　AE，AC と AD，BC と ED である。
　　　求める相似比は，対応する辺の比で，
　　　AB：AE＝20：12

1(3)，2(2)のポイント　　　〈相似な図形の性質〉

相似な図形では，対応する辺の比は等しい。

考え方

1(3)　AB：AE＝AC：AD より，
　　　　20：12＝AC：9　　　　対応する辺をまちがえ
　　　　20×9＝12×AC　　　　ないように！

2(1)　$\overset{\frown}{BC}$ に対する円周角だから，
　　　　∠BAE＝∠CDE

(2)　AE：DE＝BE：CE より，
　　　　5：6＝6：CE
　　　　5×CE＝6×6

発展問題

1 〔相似な図形の線分の長さ〕

次の問いに答えなさい。

□(1) 右の図で，
∠ABC＝∠ACD，
AB＝8cm，
BC＝6cm，
CA＝4cm であるとき，BD の長さを求めなさい。　　　　　AD の長さは？

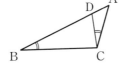

□(2) 右の図の△ABC
で，辺BC上に点D
をとるとき，辺AC
の長さを求めなさい。

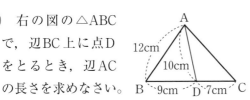

□(3) 右の図のように，円
Oの円周上に4点A，
B，C，Dをとり，線分
ACとBDとの交点を
Eとする。AB＝12cm，
CD＝18cm，DE＝12cm のとき，線分AE
の長さを求めなさい。

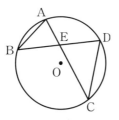

完成問題

1 次の問いに答えなさい。

□(1) 右の図のように，1
辺が25cmの正三角形
ABCがある。辺BC上
に，BD＝15cm となる
ように点Dをとり，辺
AB上に，∠ADE＝60°となるように点E
をとる。このとき，BE の長さを求めなさい。

（千葉）

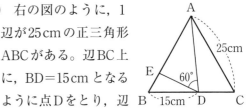

□(2) 右の図のように，
△ABCにおいて，
頂点Aから辺BC
にひいた垂線と辺
BCとの交点をH
とする。また，頂
点A，B，Cを通る円をOとし，直線AO
と辺BCとの交点をP，円Oとの交点をD
とする。AB＝5cm，AC＝8cm，
AD＝10cm であるとき，線分AHの長さを
求めなさい。　　　　　　　　（大分・一部）

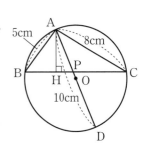

基本チェックの答え

1 (1) 2組の角がそれぞれ等しい。　(2) 5：3　(3) 15cm

2 (1) 2組の角がそれぞれ等しい。　(2) $\dfrac{36}{5}$ cm〔7.2cm〕

121

基本チェック

1 次の図で，BC∥DE であるとき，x の値を求めなさい。

☐(1)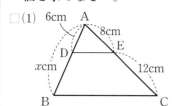

☐(2)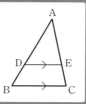

2 次の図で，$\ell \parallel m \parallel n$ であるとき，x の値を求めなさい。

☐(1)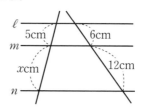

☐(2)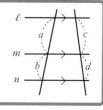

1のポイント 〈三角形と線分の比〉

右の図で，BC∥DE ならば，
次が成り立つ。

①AD：AB＝AE：AC
　　　　＝DE：BC
②AD：DB＝AE：EC

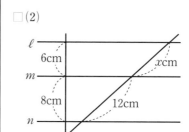

考え方

1(1)　AD：AB＝AE：AC より，

　　6：x＝8：(8＋12)

　　6×(8＋12)＝8x

(2)　AD：DB＝AE：EC より，

　　6：10＝x：15

　　6×15＝10x

2のポイント 〈平行線と線分の比〉

右の図で，$\ell \parallel m \parallel n$ ならば，
次が成り立つ。

　　$a：b＝c：d$

考え方

2　「平行線と線分の比」は，右
　　の図のように，$q \parallel r$ となる
　　ようにすると，「三角形と
　　線分の比②」と同じになる。

(1)　5：x＝6：12

(2)　6：8＝x：12

発展問題

1 〔平行線と線分の比〕次の問いに答えなさい。

□(1)　右の図で，
BC∥DE である
とき，x，y の
値を求めなさい。

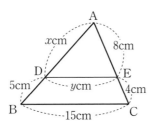

□(2)　右の図で，
$\ell \parallel m \parallel n$ である
とき，x の値を求
めなさい。

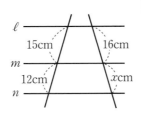

□(3)　右の図で，四角
形 ABCD は台形で，
AD∥EF，
DC∥AH である。
①　BH の長さを
求めなさい。

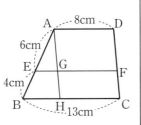

②　EG の長さを求めなさい。

③　EF の長さを求めなさい。

完成問題

1 右の図で，点 D，
E はそれぞれ△ABC
の辺 AB，AC 上の点で
ある。DE∥BC のとき，
x の値を求めなさい。
(山梨)

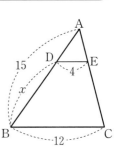

2 次の図で，$\ell \parallel m \parallel n$ であるとき，x の
値を求めなさい。　　　　　　　(山口)

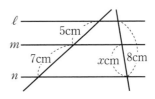

3 右の図で，AD，
PQ，BC はいずれも
平行である。線分
PQ の長さを求めな
さい。
(福井)

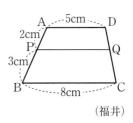

61 中点連結定理

1 右の図で，D，E はそれぞれ辺AB，AC の中点である。次の問いに答えなさい。

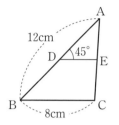

12cm
45°
D　E
B
8cm
C
A

□(1) DEの長さを求めなさい。

□(2) ∠Bの大きさを求めなさい。

2 AB＝8 cm, BC＝10 cm, CA＝9 cm の △ABC がある。AB，BC，CA の中点をそれぞれD，E，Fとするとき，△DEFの周の長さを求めなさい。

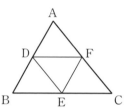

A
D　F
B　E　C

3 AB＝DC の四角形ABCDのAD，BC，BDの中点をそれぞれM，N，Pとするとき，MP＝PN であることを，次のように証明した。□をうめなさい。

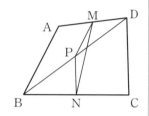

A　M　D
P
B　N　C

〔証明〕 △ABDで，M，Pはそれぞれ AD，BDの中点だから，

$$MP=\frac{1}{2}\ ^{ア}\boxed{} \quad\cdots\cdots①$$

同様に，△BCDで，

$$PN=\frac{1}{2}\ ^{イ}\boxed{} \quad\cdots\cdots②$$

仮定より，AB＝DC だから，①, ②より，

$$MP=\ ^{ウ}\boxed{}$$

---

1 のポイント 〈中点連結定理〉

△ABC の2辺AB，ACの中点をそれぞれM，Nとすると，

MN // BC

$$MN=\frac{1}{2}BC$$

A
M　N
B　C

考え方

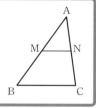

1(1) 中点連結定理より，

$$DE=\frac{1}{2}BC=\frac{1}{2}\times8$$

(2) 中点連結定理より，

DE // BC

よって，∠B＝∠ADE

2 中点連結定理より，

$$DE=\frac{1}{2}AC=\frac{1}{2}\times9$$

$$EF=\frac{1}{2}AB=\frac{1}{2}\times8$$

$$DF=\frac{1}{2}BC=\frac{1}{2}\times10$$

3 △ABDに中点連結定理を用いる。

次に，△BCDに中点連結定理を用いる。

さらに，仮定より，AB＝DC を用いて，証明を完成させる。

発展問題

1 〔中点連結定理〕

右の図は，AD∥BCの台形で，AB，DC，ACの中点をそれぞれE，F，Gとすると，E，G，Fは一直線上にある。次の問いに答えなさい。

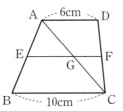

□(1) EGの長さを求めなさい。

□(2) EFの長さを求めなさい。

2 〔中点連結定理を用いた証明〕

四角形ABCDで，AB，BC，CD，DAの中点をそれぞれP，Q，R，Sとする。このとき，四角形PQRSは平行四辺形になることを証明したい。次の証明の続きを書いて，証明を完成させなさい。

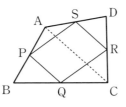

〔証明〕 対角線ACをひく。

△ABCで，点P，QはそれぞれAB，BCの中点だから，

$$PQ\mathbin{/\mkern-6mu/} AC, \quad PQ=\frac{1}{2}AC \qquad \cdots\cdots①$$

同様に，△ADCで，

完成問題

□**1** 右の図のような△ABCがあり，辺AB上に2点D，Eを，

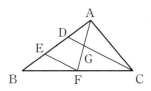

AD＝DE＝EBとなるようにとる。また，辺BCの中点をF，線分AFと線分CDとの交点をGとする。EF＝5cmのとき，線分CGの長さを求めなさい。

(神奈川)

□**2** 右の図のような△ABCがあり，AB，BCの中点をそれぞれE，Fとする。辺AC上に点Dをとり，BDの中点をGとすると，GはEF上の点であり，AD＝2cm，CD＝4cmであった。このとき，四角形AGFDは平行四辺形であることを証明しなさい。

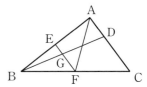

(長野・改)

62 相似な図形の面積比，体積比

基本チェック

1 下の図で，△ABCと△DEFは相似である。次の問いに答えなさい。

 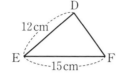

□(1) △ABCと△DEFの相似比を求めなさい。

□(2) △ABCと△DEFの面積比を求めなさい。

□(3) △ABCの面積が32 cm² のとき，△DEFの面積を求めなさい。

2 下の図で，円柱PとQは相似である。次の問いに答えなさい。

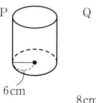 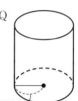

□(1) 円柱PとQの表面積の比を求めなさい。

□(2) 円柱PとQの体積比を求めなさい。

□(3) 円柱Pの体積が540 π cm³ のとき，円柱Qの体積を求めなさい。

1のポイント 〈相似な図形の面積比〉

相似比が $m:n$ である2つの図形の面積比は，$m^2:n^2$ である。

考え方

1(1) 辺ABと辺DE，辺BCと辺EFが対応する。

(2) AB：DE＝2：3より，△ABCと△DEFの面積比は，$2^2:3^2$ と表せる。

(3) △ABCと△DEFの面積比が，$2^2:3^2$ より，
32：（△DEFの面積）＝$2^2:3^2$

2のポイント 〈相似な立体の表面積の比と体積比〉

相似な立体で，相似比が $m:n$ であるとき，表面積の比は $m^2:n^2$ で，体積比は $m^3:n^3$ である。

考え方

2(1) 円柱PとQの底面の円の半径がそれぞれ6 cm，8 cmなので，相似比は，6：8＝3：4になっている。よって，表面積の比は，$3^2:4^2$ と表せる。

(2) PとQの体積比は，$3^3:4^3$ と表せる。

(3) 540π：（Qの体積）＝$3^3:4^3$

発展問題

1 〔相似な図形の面積比〕

右の図で，D，Eはそれぞれ辺AB，ACの中点である。次の問いに答えなさい。

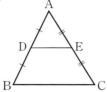

□(1)　△ABCと△ADEの面積比を求めなさい。

□(2)　△ABCの面積が28cm²のとき，四角形DBCEの面積を求めなさい。

2 〔相似な図形の面積比と体積比〕

右の図のように，三角すいを底面に平行で高さを2等分する平面で切り，2つの部分をそれぞれ**ア**，**イ**とする。次の問いに答えなさい。

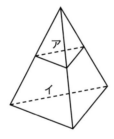

□(1)　もとの三角すいと，取り出してできる**ア**の三角すいの表面積の比を求めなさい。

□(2)　**ア**の部分の体積が12cm³のとき，**イ**の部分の体積を求めなさい。

完成問題

□**1** 右の図のような，大きい正三角形から小さい正三角形を取り除いてできた図形がある。この図形の面積は，取り除いた正三角形の面積の3倍であり，この図形の周の長さは56cmである。取り除いた正三角形の1辺の長さは何cmか求めなさい。　　（富山）

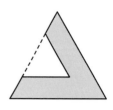

□**2** 右の図のように，底面の半径が12cmの円すいを底面に平行な平面で切ったところ，上の円すいの底面の半径が3cmになった。

もとの円すいの体積が$a$cm³のとき，上の円すいの体積を求めなさい。　　（青森）

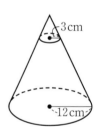

基本チェックの答え

1 (1) 2:3　(2) 4:9　(3) 72cm²　2 (1) 9:16　(2) 27:64　(3) 1280πcm³

63 三平方の定理とその応用

基本チェック

1 次の図で, x の値を求めなさい。

□(1)

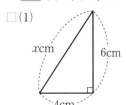

x cm　6cm
4cm

□(2)

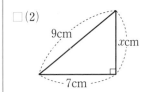

9cm　x cm
7cm

□**2** 次の長さを3辺とする三角形のうち, 直角三角形であるものをすべて選び, 番号で答えなさい。

① 3 cm, 5 cm, 6 cm

② 5 cm, 12 cm, 13 cm

③ $\sqrt{3}$ cm, 2 cm, $\sqrt{7}$ cm

3 次の問いに答えなさい。

□(1) 1辺が6cmの正方形の対角線の長さを求めなさい。

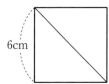

6cm

□(2) 縦が6 cm, 横が8 cmの長方形の対角線の長さを求めなさい。

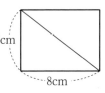

6cm
8cm

□(3) 縦が$4\sqrt{3}$ cm, 横が4 cmの長方形の対角線の長さを求めなさい。

1のポイント　　　〈三平方の定理〉

右の図の直角三角形で, 次の関係が成り立つ。

$$a^2+b^2=c^2$$

c　b　a

考え方

1(1) $x^2=4^2+6^2$

(2) $9^2=7^2+x^2$ より, $x^2=9^2-7^2$

2のポイント　　　〈三平方の定理の逆〉

右の図の△ABCで,
$a^2+b^2=c^2$ ならば, △ABCは
∠C＝90°の直角三角形である。

A　c　b　B　a　C

考え方

2 3辺のうち, もっとも長い辺を c として, $c^2=a^2+b^2$ が成り立つかどうか調べる。

① $6^2=36$, $3^2+5^2=34$

② $13^2=169$, $5^2+12^2=169$

③ $(\sqrt{7})^2=7$, $(\sqrt{3})^2+2^2=7$

3のポイント　　　〈平面図形の対角線の長さ〉

●1辺の長さが a の正方形の対角線の長さ
　…$\sqrt{2}\,a$

●縦の長さが a , 横の長さが b の長方形の対角線の長さ…$\sqrt{a^2+b^2}$

考え方

3(2) $\sqrt{6^2+8^2}=\sqrt{36+64}=\sqrt{100}$

(3) 対角線の長さを$x$cmとすると,
$$x^2=(4\sqrt{3})^2+4^2=48+16=64$$

発展問題

1 〔三平方の定理〕次の図で，x の値を求めなさい。

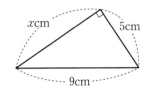

2 〔三平方の定理の逆〕次の長さを3辺とする三角形のうち，直角三角形であるものをすべて選び，番号で答えなさい。

① 8cm，15cm，17cm

② $\sqrt{3}$ cm，$\sqrt{5}$ cm，3cm

③ $\sqrt{2}$ cm，$2\sqrt{2}$ cm，$\sqrt{10}$ cm

3 〔平面図形の対角線の長さ〕次の図形の対角線の長さを求めなさい。

(1) 1辺が $4\sqrt{2}$ cm の正方形

(2) 縦が $2\sqrt{3}$ cm，横が $2\sqrt{6}$ cm の長方形

4 〔三平方の定理の応用〕次の△ABCで，辺BCの長さを求めなさい。

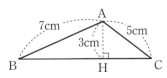

完成問題

1 右の図のような長方形 ABCD の対角線BD の長さを求めなさい。

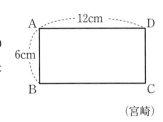

（宮崎）

2 右の図で，四角形ABCD，EFCGはともに正方形で，点Dは辺EF上にある。

AB＝13cm，FC＝12cm のとき，線分ED の長さを求めなさい。 （愛知・一部）

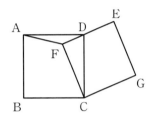

3 右の図は，AB＝3cm，BC＝7cm の三角形ABCである。頂点Bから辺ACにひいた垂線の長さが2cmのとき，辺ACの長さを求めなさい。（神奈川・一部）

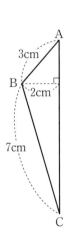

三平方の定理の応用①

基本チェック

1 次の図で，x，y の値を求めなさい。

□(1)

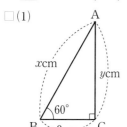

□(2)

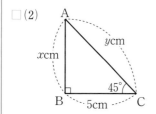

2 右の図は，1辺が6cmの正三角形ABCで，頂点Aから辺BCに垂線AHをひいたものである。次の問いに答えなさい。

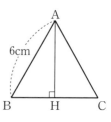

□(1)　∠BAHは何度か求めなさい。

□(2)　AHの長さを求めなさい。

□(3)　△ABCの面積を求めなさい。

1のポイント　〈特別な直角三角形の3辺の比〉

● 30°，60°，90°の直角三角形の辺の比は，$1:2:\sqrt{3}$

● 45°，45°，90°の直角二等辺三角形の辺の比は，$1:1:\sqrt{2}$

考え方

1(1)　30°，60°，90°の直角三角形であるから，
　　　BC：AB：CA＝$1:2:\sqrt{3}$

(2)　45°，45°，90°の直角二等辺三角形であるから，
　　　AB：BC：CA＝$1:1:\sqrt{2}$

2のポイント　〈正三角形の高さと面積の公式〉

1辺の長さ a の正三角形の高さを h，面積を S とすると，

$$h=\frac{\sqrt{3}}{2}a,\ \ S=\frac{\sqrt{3}}{4}a^2$$

考え方

2　右の図で，△ABHは30°，60°，90°の直角三角形になるから，

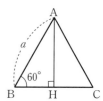

$$BH=\frac{a}{2}$$

$$AH=\frac{a}{2}\times\sqrt{3}=\frac{\sqrt{3}}{2}a$$

$$S=\frac{1}{2}\times BC\times AH=\frac{1}{2}\times a\times\frac{\sqrt{3}}{2}a=\frac{\sqrt{3}}{4}a^2$$

(2)，(3)　$a=6$ として，正三角形の高さと面積の公式に代入してもよい。

発展問題

1 〔特別な直角三角形の辺の比〕次の図で，x の値を求めなさい。

□(1)　CA＝CB

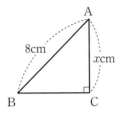

□(2)　AB＝BC＝CA

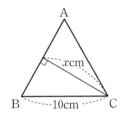

□**2** 〔正三角形の高さと面積〕1 辺の長さが $6\sqrt{3}$ cm の正三角形の高さと面積を求めなさい。

3 〔特別な直角三角形の辺の比〕下の図のような△ABC について，次の問いに答えなさい。

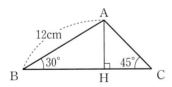

□(1)　AH の長さを求めなさい。

□(2)　△ABC の面積を求めなさい。

完成問題

□**1** 右の図の平行四辺形の面積を求めなさい。　（青森）

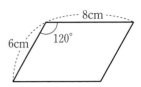

□**2** 右の図のように，点 O を中心とする半径 2 cm の円の周上に 3 点 A，B，C があり，この 3 点を頂点とする△ABC において，∠BAC＝45°である。線分 BC の長さを求めなさい。　（長崎・改）

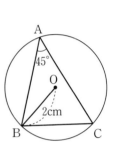

□**3** 右の図のように，1 辺が 7 cm の正三角形 ABC がある。BD＝3 cm，DE⊥AC，DF∥CA となるように，辺 BC 上に点 D，辺 AC 上に点 E，辺 AB 上に点 F をとる。このとき，線分 EF の長さを求めなさい。

（広島）

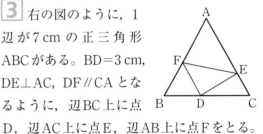

65 図形 三平方の定理の応用②

基本チェック

□ **1** 半径 8 cm の円の中心Oから 4 cm の距離にある弦AB の長さを求めなさい。

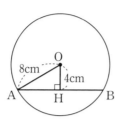

8cm
O
4cm
A H B

□ **2** 半径 3 cm の円Oに，中心からの距離が 6 cm である点Pからひいた接線の長さ（PAの長さ）を求めなさい。

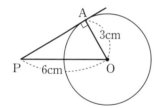

A
3cm
P 6cm O

□ **3** 座標平面上に 2 点P(2, 1)，Q(7, 4) がある。次の問いに答えなさい。

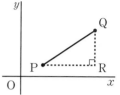

y
Q
P R
O x

□ (1) 点P，点Qを通り，それぞれ x 軸，y 軸に平行な直線をひき，直角三角形PQRを作る。PR，QR の長さを求めなさい。

□ (2) PQ の長さを求めなさい。

□ **4** 座標平面上に 2 点A(3, 2)，B(6, 8) があるとき，A，B間の距離を求めなさい。

1のポイント 〈円の弦の長さ〉

半径 r の円の中心から d の距離にある弦の長さを ℓ とすると，
$$\ell = 2\sqrt{r^2 - d^2}$$

O
r d
ℓ

考え方

1 △OAHに三平方の定理を用いる。
$$AH = \sqrt{OA^2 - OH^2} = \sqrt{8^2 - 4^2}$$
$$AB = 2AH$$

2 接点を通る半径と接線は垂直だから，△OPA に三平方の定理を用いる。
$$PA = \sqrt{6^2 - 3^2}$$

3 (1) R(7, 1) である。
$$PR = 7 - 2, \quad QR = 4 - 1$$

(2) △PQRに三平方の定理を用いる。
$$PQ = \sqrt{PR^2 + QR^2}$$

4のポイント 〈 2 点間の距離〉

2 点P(x_1, y_1)，Q(x_2, y_2) があるとき，P，Q間の距離 d は，
$$d = \sqrt{(x_2 - x_1)^2 + (y_2 - y_1)^2}$$

考え方

4 A，B間の距離を d とすると，
$$d = \sqrt{(6-3)^2 + (8-2)^2} = \sqrt{9 + 36}$$

発展問題

1 〔円の弦の長さ〕半径7cmの円がある。次の問いに答えなさい。

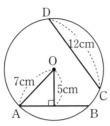

□(1) 円の中心Oから5cmの距離にある弦ABの長さを求めなさい。

□(2) 円の中心Oから，長さ12cmの弦CDまでの距離を求めなさい。

2 〔円の接線の長さ〕半径6cmの円Oの外の点Pからこの円に接線をひき，接点をAとする。PA=12cm のとき，POの長さを求めなさい。

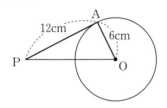

3 〔2点間の距離〕次の2点A，B間の距離を求めなさい。

□(1) A(4, 2)，B(6, 5)

□(2) A(2, 3)，B(−3, −1)

完成問題

1 次の問いに答えなさい。

□(1) 半径が8cmの円で，中心からの距離が2cmである弦の長さを求めなさい。（岡山）

□(2) 半径が9cmの円で，円の中心から長さ10cmの弦までの距離を求めなさい。

□**2** 右の図のように，2つの円O，O′が交わっている。線分OO′の延長と

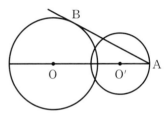

円O′との交点をAとし，点Aから円Oに接線をひき，接点をBとする。円O，O′の半径をそれぞれ3cm，2cm，AB=6cm とするとき，OO′の長さを求めなさい。

3 座標平面上に，2点A(3, 6)，B(−3, 9)がある。次の問いに答えなさい。

□(1) ABの長さを求めなさい。

□(2) △OABはどんな三角形か答えなさい。

66 図形
三平方の定理の応用③

基本チェック

1 次の問いに答えなさい。

□(1) 右の図のような1辺の長さが4cmの立方体の対角線AGの長さを求めなさい。

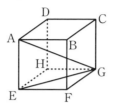

2 右の図のような正四角すいについて，次の問いに答えなさい。

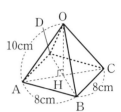

□(1) AHの長さを求めなさい。

□(2) 高さOHを求めなさい。

□(2) 右の図のような直方体の対角線AGの長さを求めなさい。

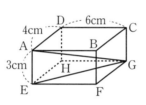

□(3) 正四角すいの体積を求めなさい。

1のポイント 〈立体の対角線の長さ〉

● 1辺の長さが a の立方体の対角線の長さ…$\sqrt{3}\,a$

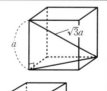

● 3辺の長さが a，b，c の直方体の対角線の長さ…$\sqrt{a^2+b^2+c^2}$

考え方

1(1)　$AG=\sqrt{3}\times4$

(2)　$AG=\sqrt{4^2+6^2+3^2}$

上の公式を知らなくても，まずEGを，次に△AEGでAGを求めることができる。

2(1)　四角形ABCDは正方形であるから，対角線はそれぞれの中点で，垂直に交わる。

よって，△ABHは∠AHB＝90°の直角二等辺三角形だから，

$AH:AB=1:\sqrt{2}$

(2)　$AH^2+OH^2=OA^2$ より，

$OH^2=OA^2-AH^2$

△OAHに三平方の定理を用いる。

(3)　底面積を S，高さを h とすると，角すいの体積 V は，

$$V=\frac{1}{3}Sh$$

よって，$\dfrac{1}{3}\times8^2\times OH$

発展問題

1 〔直方体の対角線の長さ〕

右の図の直方体の
対角線DFの長さを
求めなさい。

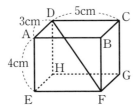

完成問題

1 右の図のように，1
辺の長さが9cmの立方
体ABCD－EFGHがある。
対角線BH上に
BP：PH＝3：1となる点
Pをとる。線分BPの長
さを求めなさい。

（新潟・一部）

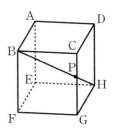

2 〔直方体の線分の長さ〕

右の図の直方体の
対角線上に点Pを
AP：PG＝2：1とな
るようにとる。線分
APの長さを求めな
さい。

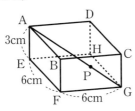

2 右の図の四角すい
OABCDは底面が1辺
8cmの正方形であり，
側面はすべて二等辺三
角形で，その等しい辺は9cmである。この
四角すいの高さを求めなさい。 （鳥取）

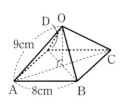

3 〔正四角すいの高さ・体積〕

右の図の正四角すい
について，次の問いに
答えなさい。

（1）　高さOHを求めな
さい。

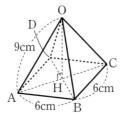

3 右の図は，1辺の長さが
4cmの正方形を底面とし，
正三角形を側面とする四角す
いの展開図である。これを組
み立ててできる四角すいの体
積を求めなさい。 （愛媛）

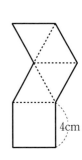

（2）　正四角すいの体積を求めなさい。

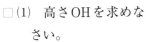

1 (1) $4\sqrt{3}$ cm　(2) $\sqrt{61}$ cm　**2** (1) $4\sqrt{2}$ cm　(2) $2\sqrt{17}$ cm　(3) $\dfrac{128\sqrt{17}}{3}$ cm³

67 三平方の定理の応用④

基本チェック

1 右の図のように，底面の円の半径が 4 cm，母線ABの長さが8cmの円すいがある。次の問いに答えなさい。

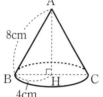

□(1) 高さAHを求めなさい。

□(2) 円すいの体積を求めなさい。ただし，円周率はπとする。

2 右の図の△ABCを辺ACを軸として，1回転してできる立体について，次の問いに答えなさい。

□(1) できる立体の高さを求めなさい。

□(2) できる立体の体積を求めなさい。ただし，円周率はπとする。

考え方

1(1) 円すいの母線の長さと底面の円の半径がわかれば，三平方の定理により，高さを求めることができる。

　△ABHは ∠AHB＝90°の直角三角形であるから，

$AB^2 = AH^2 + BH^2$ より，　△ABHに三平方の定理を用いる。

$AH^2 = AB^2 - BH^2$

$AH = \sqrt{8^2 - 4^2}$

1(2)のポイント　〈円すいの体積〉

底面の半径 r cm，高さ h cmの円すいの体積を V とすると，

$$V = \frac{1}{3}\pi r^2 h$$

考え方

1(2)　求める体積は，

$$\frac{1}{3}\pi \times 4^2 \times AH = \frac{16}{3}\pi \times AH$$

2　△ABCを辺ACを軸として，1回転してできる立体は，右の図のような円すいになる。

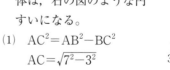

(1)　$AC^2 = AB^2 - BC^2$

　　$AC = \sqrt{7^2 - 3^2}$

(2)　求める体積は，

$$\frac{1}{3}\pi \times 3^2 \times AC = 3\pi \times AC$$

回転体では，できる立体の高さがもとの図形のどこになるかに注意する。

発展問題

□ **1** 〔円すいの体積〕
右の図のような底面の円の半径が3cm，母線の長さが9cmの円すいがある。この円すいの体積を求めなさい。

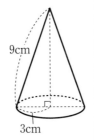
9cm
3cm

□ **2** 〔回転体の体積〕
右の図の△ABCを辺ACを軸として，1回転してできる立体の体積を求めなさい。

A
9cm
B　6cm　C

3 〔円すいの体積〕
右の図は円すいの展開図である。次の問いに答えなさい。

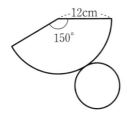
12cm
150°

□(1)　底面の円の半径を求めなさい。

□(2)　この展開図を組み立ててできる円すいの体積を求めなさい。

完成問題

□ **1** 右の図は，底面の円の半径が8cm，母線の長さが10cmの円すいである。この円すいの体積は何cm³か，求めなさい。ただし，円周率はπとする。

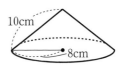
10cm
8cm

（鹿児島・一部）

□ **2** 右の図のような直角三角形ABCがある。この三角形を辺ABを軸として1回転させてできる立体の体積を求めなさい。

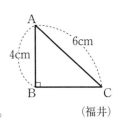
A
6cm
4cm
B　　　C

（福井）

□ **3** 右の図は円すいの展開図で，側面のおうぎ形の中心角は216°であり，底面の円の半径は3cmである。この展開図を組み立てたときにできる円すいの体積を求めなさい。ただし，円周率はπとする。

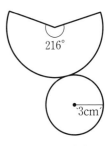
216°
3cm

（和歌山）

基本チェックの答え

1 (1) $4\sqrt{3}$ cm　(2) $\dfrac{64\sqrt{3}}{3}\pi$ cm³　2 (1) $2\sqrt{10}$ cm　(2) $6\sqrt{10}\pi$ cm³

基本チェック

1 右の図は，底面が正方形，側面が二等辺三角形の正四角すいである。次の問いに答えなさい。

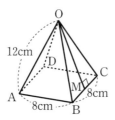

□(1)　点Oから辺BCにひいた垂線OMの長さを求めなさい。

□(2)　この正四角すいの表面積を求めなさい。

2 右の図は，底面の円の半径が2 cm，高さが6 cmの円すいである。次の問いに答えなさい。

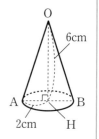

□(1)　母線OAの長さを求めなさい。

□(2)　この円すいの側面積を求めなさい。

考え方

1 正四角すいの側面は二等辺三角形であるから，等しい2辺と底辺の長さがわかれば，三平方の定理により，高さがわかり，側面積が求められる。

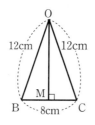

(1)　OMは辺BCを垂直に2等分するから，
　　BM＝CM＝4 cm
　　△OBMに三平方の定理を用いて，
　　$OB^2＝OM^2＋BM^2$　　$OM^2＝OB^2－BM^2$
　　$OM＝\sqrt{12^2－4^2}$

(2)　側面積は，
　　$\dfrac{1}{2}×BC×OM×4＝\dfrac{1}{2}×8×OM×4$
　　(表面積)＝(側面積)＋(底面積) を用いる。
　　底面積は，$8^2＝64$

2 円すいの展開図で，側面はおうぎ形であるから，おうぎ形の半径と中心角がわかれば，側面積が求められる。

(1)　△OAHに三平方の定理を用いて，
　　$OA^2＝OH^2＋AH^2$　　$OA＝\sqrt{6^2＋2^2}$

(2)　側面を展開したときのおうぎ形の半径をr cm，中心角を$a°$とすると，
　　$2πr×\dfrac{a}{360}＝2π×2$

おうぎ形の弧の長さ
＝底面の円周

　　よって，$\dfrac{a}{360}＝\dfrac{2}{r}$

　　側面のおうぎ形の面積は，
　　$πr^2×\dfrac{a}{360}＝πr^2×\dfrac{2}{r}$
　　$＝2πr$
　　として求めることができる。

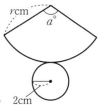

発展問題

□ **1** 〔四角すいの表面積〕
　右の図は，底面が正方形，側面が二等辺三角形の正四角すいである。この四角すいの表面積を求めなさい。

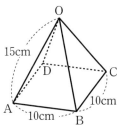

完成問題

□ **1** 右の図のように，底面が1辺2cmの正方形で，すべての側面が正三角形である四角すいVABCDがある。この四角すいの表面積を求めなさい。
　　　　　　　　　　　　（岐阜・一部）

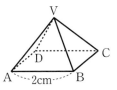

□ **2** 〔四角すいの表面積〕
　右の図は，底面が正方形，側面が二等辺三角形の正四角すいである。
AB＝6 cm，OH＝9 cm
のとき，次の問いに答えなさい。

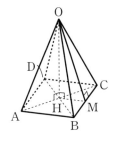

□(1)　点Oから辺BCにひいた垂線OMの長さを求めなさい。

□(2)　この四角すいの表面積を求めなさい。

□ **2** 右の図は，底面が1辺10cmの正方形で，高さが12cmの正四角すいである。この正四角すいの表面積を求めなさい。　（福井・一部）

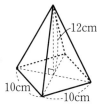

□ **3** 〔円すいの側面積〕
　右の図のような円すいの側面積を求めなさい。

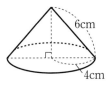

□ **3** 右の図は，高さ12cm，底面の半径5cmの円すいである。この円すいの側面積は何cm^{2}か，求めなさい。（愛知）

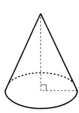

69

確率①

基本チェック

1 赤玉が1個，青玉が3個，黒玉が2個入った袋から玉を1個取り出すとき，次の問いに答えなさい。ただし，どの玉を取り出すことも同様に確からしいものとする。

☐(1)　取り出し方は全部で何通りあるか，答えなさい。

☐(2)　赤玉を取り出す確率を求めなさい。

☐(3)　青玉を取り出す確率を求めなさい。

☐(4)　赤玉または青玉を取り出す確率を求めなさい。

2 1枚の硬貨を2回投げるとき，硬貨の表，裏の出かたについて，次の問いに答えなさい。

☐(1)　右の樹形図を完成させなさい。

```
      1回目        2回目
                    表
      表  <
                    裏

      裏
```

☐(2)　硬貨の表・裏の出かたは全部で何通りあるか，答えなさい。

☐(3)　表が2回出る確率を求めなさい。

☐(4)　表と裏が1回ずつ出る確率を求めなさい。

考え方

1(1)　玉の数は全部で6個ある。

1(2)〜(4)のポイント 〈確率〉

起こりうる結果が全部で n 通りあり，そのどれが起こることも同様に確からしいとする。そのうち，ことがらAが起こるのが a 通りあるとき，Aの起こる確率 p は，

$$p = \frac{a}{n} \quad (0 \leqq p \leqq 1)$$

考え方

1(2)　赤玉を取り出すのは1通りである。

(3)　青玉を取り出すのは3通りであるから，求める確率は，$\dfrac{3}{6}$

(4)　赤玉または青玉を取り出すのは，1+3＝4（通り）であるから，求める確率は，$\dfrac{4}{6}$

2のポイント 〈樹形図の利用〉

確率を求めるとき，樹形図を利用すると，すべての場合を，もれや重複がなく数え上げることができる。

考え方

2(1)，(2)　樹形図をかくと，起こりうるすべての結果を示すことができる。

(3)　表が2回出るのは1通りである。

(4)　表と裏が1回ずつ出るのは2通りである。

発展問題

1 〔1つ取り出すときの確率〕次の問いに答えなさい。

□(1) 赤玉が3個，白玉が4個，青玉が2個入っている袋から玉を1個取り出すとき，次の確率を求めなさい。ただし，どの玉の取り出し方も同様に確からしいものとする。

① 赤玉を取り出す確率

② 赤玉か白玉を取り出す確率

□(2) ジョーカーを除いた52枚のトランプをよくきってから1枚ひくとき，次の確率を求めなさい。

① 絵札をひく確率

② スペードのカードをひく確率

2 〔硬貨を投げるときの確率〕1枚の硬貨を3回投げるとき，次の問いに答えなさい。

□(1) 硬貨の表・裏の出かたは全部で何通りあるか，答えなさい。

□(2) 3回とも表が出る確率を求めなさい。

□(3) 表が1回，裏が2回出る確率を求めなさい。

完成問題

1 赤玉4個，白玉5個，青玉6個が入っている袋の中から1個を取り出すとき，もっとも出やすい色の玉の出る確率を求めなさい。

(鹿児島)

2 ジョーカーを除く，1組52枚のトランプをよくきって1枚を取り出すとき，ダイヤ(◆)の札または絵札(J，Q，K)が出る確率を求めなさい。

(佐賀)

3 1から20までの数字を1つずつ書いた20個の玉が，袋の中に入っている。この袋の中から1個の玉を取り出すとき，取り出した玉に書いてある数が，3の倍数である確率を求めなさい。ただし，どの玉の取り出し方も，同様に確からしいものとする。

(岐阜)

4 10円，50円，100円の硬貨が1枚ずつある。この3枚の硬貨を同時に1回投げるとき，表が出た硬貨の金額の合計が，100円以下になる確率を求めなさい。

(沖縄・一部)

基本チェックの答え

1 (1) 6通り　(2) $\dfrac{1}{6}$　(3) $\dfrac{1}{2}$　(4) $\dfrac{2}{3}$　2 (1) 裏〈表裏　(2) 4通り　(3) $\dfrac{1}{4}$　(4) $\dfrac{1}{2}$

70

確率②

基本チェック

1 1, 2, 3, 4の数字を書いたカードが, 1枚ずつある。このカードをよくきってから1枚ひき, 数字を記録してからもとにもどし, もう一度カードをよくきってから1枚ひき, 数字を記録する。次の問いに答えなさい。

☐(1) 2枚のカードのひき方は全部で何通りあるか, 答えなさい。

☐(2) 2枚のカードに書かれている数の積が3の倍数になる確率を求めなさい。

☐(3) 2枚のカードに書かれている数の積が偶数になる確率を求めなさい。

2 A, B 2つのさいころを同時に投げるとき, 次の問いに答えなさい。

☐(1) さいころの目の出かたは全部で何通りあるか, 答えなさい。

☐(2) 同じ目が出る出かたは何通りあるか, 答えなさい。

☐(3) 2つの目の和が7になる確率を求めなさい。

☐(4) 2つの目の和が5の倍数になる確率を求めなさい。

考え方

1(1) 樹形図をかいて考えるとよい。右の図は, 1回目が1の場合である。1回目が2, 3, 4のときも同様である。

1回目　　　2回目

1　　1
　　　2
　　　3
　　　4

(2) 2つの数の積が3の倍数になるのは,
1−3, 2−3, 3−1, 3−2, 3−3,
3−4, 4−3　　　一方に3をふくむ。
の場合である。

(3) 2つの数の積が偶数になるのは,
1−2, 1−4, 2−1, 2−2, 2−3,
2−4, 3−2, 3−4, 4−1, 4−2,
4−3, 4−4　　　一方に2か4をふくむ。
の場合である。

2(1) Aの目が1のとき, Bの目の出かたは, 1から6の6通りある。Aの目が2, 3, 4, 5, 6のときも, 同じ数ずつある。

(2) A, Bの目をそれぞれ a, b として, (a, b) と表すと,
(1, 1), (2, 2), (3, 3), (4, 4), (5, 5), (6, 6)

(3) 2つの目の和が7になるのは,
(1, 6), (2, 5), (3, 4), (4, 3), (5, 2), (6, 1)

(4) 5の倍数は, 2つの目の和が5または10の場合を考える。
和が5…(1, 4), (2, 3), (3, 2), (4, 1)
和が10…(4, 6), (5, 5), (6, 4)

発展問題

1 〔**カードをもとにもどして2回ひくときの確率**〕右のように，2から5までの数字が書かれたカードが，1枚ずつある。このカードをよくきってから1枚ひき，その数を十の位の数として記録してから，もとにもどす。もう一度カードをよくきってから1枚ひき，その数を一の位の数として記録する。このようにしてできる2けたの整数について，次の問いに答えなさい。

2	3	4	5

□(1) 2けたの整数が奇数（きすう）となる確率を求めなさい。

□(2) 2けたの整数が32以上となる確率を求めなさい。

2 〔**2つのさいころを投げるときの確率**〕

大小2つのさいころを同時に投げるとき，次の確率を求めなさい。

□(1) 2つの目の和が9になる確率

□(2) 2つの目の和が5以下になる確率

□(3) 2つの目の積が8の倍数になる確率

完成問題

1 右の図のように，1から5までの数字を1つずつ記入した5枚のカードがある。この5枚のカードをよくきって1枚ひき，その数字を読んで，またもとにもどす。これを2回行い，1回目にひいたカードに書いてある数を十の位，2回目にひいたカードに書いてある数を一の位とする2けたの正の整数をつくる。このとき，次の問いに答えなさい。

1	2	3	4	5

（長崎・一部）

□(1) このようにしてできる2けたの正の整数をすべてあげると何通りあるか，答えなさい。

□(2) このようにしてできる2けたの正の整数が偶数になる確率を求めなさい。

2 大小2つのさいころを同時に投げるとき，次の確率を求めなさい。

□(1) 出る目の数の和が11以上になる確率

（福岡）

□(2) 出る目の数の和が4の倍数になる確率

（滋賀，長崎）

□(3) 出る目の数の積が奇数になる確率

（栃木，埼玉，岐阜）

基本チェックの答え

1 (1) 16通り　(2) $\frac{7}{16}$　(3) $\frac{3}{4}$　2 (1) 36通り　(2) 6通り　(3) $\frac{1}{6}$　(4) $\frac{7}{36}$

71 確率③

基本チェック

1 1，2，3，4の数字を書いたカードが，1枚ずつある。このカードをよくきって，1枚ずつ2回続けてひき，1回目の数を十の位，2回目の数を一の位として2けたの整数をつくる。このとき，次の問いに答えなさい。

□(1) 2けたの整数は全部で何通りできるか，答えなさい。

□(2) 2けたの整数が3の倍数になる確率を求めなさい。

2 A，B，C，Dの4人の班から，班長と副班長をくじびきで決めるとき，次の問いに答えなさい。

□(1) 班長と副班長の組み合わせは全部で何通りあるか，答えなさい。

□(2) Aが班長になる確率を求めなさい。

□(3) Aが班長か副班長のいずれかになる確率を求めなさい。

考え方

1(1) 1回目にひいたカードはもとにもどさないので，十の位と一の位に同じ数は使えない。
　　このときできる2けたの整数は，
　　12，13，14，21，23，24，31，32，34，41，42，43

(2) 3の倍数になるのは，
　　12，21，24，42
　　である。
　　　1回目にひいたカードをもとにもどすときは，(1)であげた2けたの整数以外に，11，22，33，44がある。

2(1) 樹形図をかいて考える。
　　班長—副班長とすると，その組み合わせは，

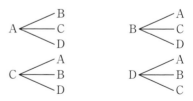

(2) Aが班長になるのは，
　　A—B，A—C，A—D
　　の場合である。

(3) Aが班長か副班長になるのは，(2)の場合と，
　　B—A，C—A，D—A
　　の場合がある。

発展問題 ●

1 〔カードをもとにもどさないでひくときの確率〕3，4，5，6の数字を書いたカードが，1枚ずつある。このカードをよくきって，1枚ずつ2回続けてひき，ひいた順に左から並べて，2けたの整数をつくる。次の問いに答えなさい。

☐(1) 2けたの整数が43より大きくなる確率を求めなさい。

☐(2) 2けたの整数が4の倍数になる確率を求めなさい。

2 〔くじをひくときの確率〕当たりくじを2本ふくむ4本のくじがある。このくじを続けて2本ひくとき，次の問いに答えなさい。

☐(1) 当たり，はずれの出かたは全部で何通りあるか，答えなさい。

> 当たりくじを①，②，
> はずれくじを3，4と
> して考える。

☐(2) 2本のうち，1本は当たり，1本ははずれとなる確率を求めなさい。

完成問題 ●

1 1から4の数を1つずつ記入した4枚のカード ☐1 ，☐2 ，☐3 ，☐4 がある。このカードをよくきって，続けて2枚ひき，左から順に並べる。並べた2枚のカードの数の和が奇数(きすう)となる確率を求めなさい。 （富山・一部）

2 右の図のように，赤と白の2色のカードが2枚ずつ計4枚あり，各色のカードには，1，2の数字が1つずつ書いてある。この4枚のカードをよくきって，1枚ずつ続けて2回ひき，ひいた順に1列に並べる。このとき，次の問いに答えなさい。 （岩手）

☐1 ☐2 　赤いカード

☐1 ☐2 　白いカード

☐(1) カードの並び方は全部で何通りあるか，答えなさい。

☐(2) 2枚のカードが色も数字も異なる確率を求めなさい。

3 5本のうち2本の当たりくじが入っているくじがある。このくじを，Aさんが先に1本ひき，残った4本のくじからBさんが1本ひくとき，AさんとBさんの2人とも当たりくじをひく確率を求めなさい。 （埼玉）

72 確率④

1 A，B，C，Dの4人の班から，2人の当番をくじびきで決めるとき，次の問いに答えなさい。

□(1) 2人の当番の組み合わせは全部で何通りあるか，答えなさい。

□(2) AとBが選ばれる確率を求めなさい。

□(3) Aが選ばれる確率を求めなさい。

2 1，2，3，4，5の数字を書いたカードが，1枚ずつある。このカードをよくきって，同時に2枚取り出す。次の問いに答えなさい。

□(1) 2枚のカードに書かれた数字の組み合わせは全部で何通りあるか，答えなさい。

□(2) 2枚のカードに書かれた数の和が奇数になる確率を求めなさい。

□(3) 2枚のカードに書かれた数の差が1になる確率を求めなさい。

---

1 のポイント　　　　　　〈組み合わせ〉

当番を決めるとき，順序は関係ないから，A―BとB―Aは同じ組み合わせである。

考え方

1(1) 2人の当番の組み合わせは，

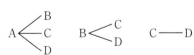

(2) A―Bの1通りある。

(3) A―B，A―C，A―Dの3通りある。

2(1) 順序は関係ないから，1―2と2―1は同じ組み合わせである。

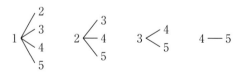

(2) 2つの数の和が奇数になるのは，
1―2，1―4，2―3，2―5，3―4，4―5

(3) 2つの数の差が1になるのは，
1―2，2―3，3―4，4―5

発展問題

1 〔**当番を選ぶときの確率**〕A，B，Cの3年生3人と，D，Eの2年生2人から，2人の当番をくじびきで選ぶ。次の問いに答えなさい。

□(1) 3年生2人が当番となる確率を求めなさい。

□(2) 3年生1人，2年生1人が当番となる確率を求めなさい。

2 〔**同時に玉を2個取り出すときの確率**〕

1から6の数字が書かれた玉が，1個ずつ袋（ふくろ）の中に入っている。これらをよくかき混ぜてから同時に2個取り出すとき，次の問いに答えなさい。

□(1) 2個の玉に書かれた数字の組み合わせは全部で何通りあるか，答えなさい。

□(2) 2個の玉に書かれた数の和が7になる確率を求めなさい。

完成問題

□**1** A，B，C，D，Eの5人の中から，くじびきで2人を選んでチームをつくるとき，チームの中にAがふくまれる確率を求めなさい。 （福島）

□**2** 右の図のように，1，2，3，4，5の数字を1つずつ書いた5枚のカードがある。この5枚のカードから同時に3枚のカードを取り出すとき，取り出した3枚のカードに書いてある数の和が偶数（ぐうすう）になる確率を求めなさい。ただし，どのカードが取り出されることも同様に確からしいものとする。 （東京）

[1] [2] [3] [4] [5]

□**3** 右の図のように，整数の書かれた5枚のカードがある。この5枚のカードをよくきって，最初に1枚カードをひく。ひいたカードはもどさずに，もう1枚カードをひく。2枚のカードに書かれた数の積が正の数になる確率を求めなさい。 （富山・一部）

[−5] [−3] [−1] [2] [6]

基本チェックの答え

1 (1) 6通り (2) $\frac{1}{6}$ (3) $\frac{1}{2}$ 2 (1) 10通り (2) $\frac{3}{5}$ (3) $\frac{2}{5}$

データの整理と活用①

基本チェック

1 右の表は，あるクラスの50m走の記録を度数分布表に表したものである。次の問いに答えなさい。

階級(秒)	度数(人)
以上　未満	
7.0～7.5	4
7.5～8.0	5
8.0～8.5	9
8.5～9.0	10
9.0～9.5	8

□(1) 表の階級の幅を答えなさい。

□(2) 度数がもっとも多い階級を答えなさい。

□(3) 速いほうから数えて15番目の生徒は，どの階級に入るか答えなさい。

□(4) 右の図は，上の度数分布表をヒストグラムに表したものの一部である。ヒストグラムを完成させなさい。

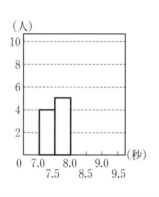

2 下の表は，ある中学校の3年生50人の数学のテストの得点について度数分布表にまとめたものである。次の問いに答えなさい。

階級(点)	度数(人)	累積度数(人)	累積相対度数
30以上～40未満	1	1	0.02
40～50	2	ア	イ
50～60	8	11	0.22
60～70	ウ	エ	0.56
70～80	12	40	0.80
80～90	6	46	0.92
90～100	4	50	1.00

□(1) ア～エにあてはまる数を求めなさい。

□(2) テストの得点が70点以上の生徒は，全体の何%か求めなさい。

□(3) 50点以上60点未満の階級の相対度数を求めなさい。

□(4) 最頻値を求めなさい。

1のポイント 〈度数分布表とヒストグラム〉
●データを整理するために用いる区間を階級といい，それぞれの階級の幅は，表の中で一定である。
●それぞれの階級に入っているデータの個数を，その階級の度数という。

考え方
1(2) もっとも人数が多い階級を探す。
(3) 速いほうから順に，階級ごとの人数をたしていくと，
4＋5＋9＋……
9＜15＜18
(4) グラフの横軸が階級，縦軸が度数を表す。

2のポイント 〈累積度数・累積相対度数〉
●最初の階級からある階級までの度数の総和を累積度数といい，最初の階級からある階級までの相対度数の総和を累積相対度数という。
●相対度数＝(その階級の度数)／(度数の合計)
●度数がもっとも多い階級の真ん中の値を最頻値という。

考え方
2(2) 70点以上の相対度数は，60点以上70点未満の階級の累積相対度数を利用して，
1－0.56＝0.44である。
(4) たとえば，5以上10未満の階級の真ん中の値(階級値)は7.5である。

発展問題

1 〔度数分布表〕右のデータは，A組とB組の，50m走の記録（単位は秒）である。また，下の表⑦～⑰は，階級の幅を変えて，この記録を度数分布表にまとめたものである。次の問いに答えなさい。

- A組 -
7.2	7.6	8.1	6.8
7.6	8.2	9.0	8.6
8.8	7.4	7.5	8.0
8.2	8.4	6.9	

- B組 -
7.3	8.2	8.7	7.9
7.1	7.7	7.6	7.0
8.9	8.5	7.5	7.4
8.3	8.0	7.8	

⑦
階級（秒）		度数（人）	
以上	未満	A組	B組
6.5〜7.0		2	0
7.0〜7.5		2	4
7.5〜8.0		3	5
8.0〜8.5		5	3
8.5〜9.0		2	3
9.0〜9.5		1	0

（階級の幅0.5秒）

⑦
階級（秒）		度数（人）	
以上	未満	A組	B組
6.5〜7.5		4	4
7.5〜8.5		8	8
8.5〜9.5		3	3

（階級の幅1.0秒）

⑰
階級（秒）		度数（人）	
以上	未満	A組	B組
6.5〜8.0		7	9
8.0〜9.5		8	6

（階級の幅1.5秒）

☐(1) A組とB組で記録のよいほうからそれぞれ4人ずつ選んで，リレーをすることになった。リレーの勝敗を予測するとき，もっとも信頼できる度数分布表を選び，記号で答えなさい。また，推測される結果も書きなさい。

☐(2) (1)で選んだ度数分布表は，なぜもっとも信頼できるのか。その理由を下から選び，番号で答えなさい。
- ① 全体として記録のよい生徒が多いことがわかるのは，⑰だけだから。
- ② 記録のよい4人の中の走力の差がわかるのは，⑦だけだから。
- ③ 記録のよい4人の中の走力の差がわかるのは，⑦だけだから。

完成問題

1 右の図は，中学生20人が懸垂を行った結果をヒストグラムに表したものである。次の問いに答えなさい。

☐(1) この中学生20人の懸垂の回数の平均値を求めなさい。ただし，答えは四捨五入して小数第1位まで求めなさい。（三重）

☐(2) この20人の懸垂の回数の最頻値を求めなさい。

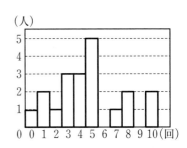

基本チェックの答え

1 (1) 0.5秒　(2) 8.5秒以上9.0秒未満の階級　(3) 8.0秒以上8.5秒未満の階級　(4)

2 (1) ア…3　イ…0.06　ウ…17　エ…28
(2) 44%　(3) 0.16　(4) 65点

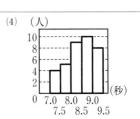

74 データの整理と活用②

基本チェック

1 下の表は，Aさんが10点満点の的当てゲームを10回行ったときの成績である。次の問いに答えなさい。

回	1	2	3	4	5	6	7	8	9	10
得点（点）	4	5	6	3	5	7	9	4	8	5

□(1) 最小値と最大値を答えなさい。

□(2) 四分位数（第1四分位数，第2四分位数，第3四分位数）を求めなさい。

□(3) 範囲を求めなさい。

□(4) 四分位範囲を求めなさい。

2 次の調査は，全数調査と標本調査のどちらが適しているか答えなさい。

□(1) ある畑で収穫したりんごの糖度の調査

□(2) 国政選挙の選挙会場でテレビ局が実施する出口調査

□(3) 全国の学校の校舎の耐震調査

3 ある湖に生息するコイの数を推定するのに，40匹のコイを捕獲して，その全部に印をつけて湖にもどした。1週間後に同じように40匹のコイを捕獲すると，そのうち印のついたものが8匹いた。この湖に生息するコイの数を推定しなさい。

1のポイント　　〈四分位数と四分位範囲〉

●データの値を小さい順に並べかえたとき，前半部分の中央値を第1四分位数，全体の中央値を第2四分位数，後半部分の中央値を第3四分位数という。
●四分位範囲＝第3四分位数－第1四分位数

考え方

1(1) Aさんの得点を，小さい順に並べかえて探す。
(2) データの値を大きさの順に並べたとき，その中央の値が中央値である。
(3) 範囲＝最大値－最小値

23のポイント　　〈標本調査〉

●調べる対象である集団（母集団）すべてに対して行う調査を全数調査といい，一部に対して行う調査を標本調査という。
●母集団の数量を推定するには，2回の標本調査を行えばよい。

考え方

2 (1)，(2)は，無作為に一部を選んで調査すればよい。
3 最初に捕獲した40匹が，まんべんなく湖全体に散らばったと考えると，2度目に捕獲したときの割合から，次の比で表せる。
40：（湖の中のコイの数全体）＝8：40

発展問題

1 〔箱ひげ図〕左ページの**基本チェック**の**1**を，箱ひげ図に表しなさい。

2 〔箱ひげ図と四分位数〕下の箱ひげ図は，ある中学校の3年生の冬休みの読書時間を表している。次の問いに答えなさい。

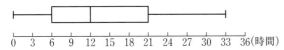

□(1) 四分位数を求めなさい。

□(2) 四分位範囲を求めなさい。

3 〔標本調査の利用〕水そうの中に飼っているメダカの数を推定するのに，24匹をすくい取って，その全部に印をつけて水そうにもどした。10分後に再びメダカをすくい取ると31匹いて，そのうち印のついたものが4匹いた。水そうの中にメダカはおよそ何匹いるか。十の位までのがい数で求めなさい。

完成問題

1 次の調査は，全数調査と標本調査のどちらが適しているか答えなさい。

□(1) メスのヒヨコだけを出荷するために行う選別作業

□(2) 川を遡上(そじょう)してきたサケのオスとメスの数の割合を調べる調査

2 袋(ふくろ)の中に赤玉と白玉が合わせて210個入っている。これをよくかき混ぜてから無作為に15個を取り出したところ，その中に赤玉が6個入っていた。袋の中に，赤玉はおよそ何個あるか。十の位までのがい数で求めなさい。

3 袋の中に白ゴマがたくさん入っている。その数を数えるかわりに，同じ大きさの黒ゴマ30粒(つぶ)を袋の中に入れて，よくかき混ぜてから，無作為に20粒のゴマを取り出したところ，その中に黒ゴマが4粒ふくまれていた。袋の中に，白ゴマはおよそ何粒あるか答えなさい。

基本チェックの答え

1 (1) 最小値…3点，最大値…9点　(2) 第1四分位数…4点，第2四分位数…5点，第3四分位数…7点　(3) 6点
(4) 3点
2 (1) 標本調査　(2) 標本調査　(3) 全数調査　3 およそ200匹

1 次の計算をしなさい。　　　（愛媛）

各4点

(1)　$3+(-8)$

(2)　$\left(-\dfrac{5}{6}\right)\div\left(-\dfrac{2}{3}\right)$

(3)　$2(3x-y+1)+(x-3y)$

(4)　$12xy^2\div 3y\div(-2x)$

(5)　$(\sqrt{3}+1)(\sqrt{3}-3)+\dfrac{9}{\sqrt{3}}$

(6)　$(x-4)^2-(x+2)(x+3)$

2 次の問いに答えなさい。

各4点

(1)　$9x^2-49$ を因数分解しなさい。　　（三重）

(2)　$a=2+\sqrt{6}$，$b=2-\sqrt{6}$ のとき，
式 a^2-b^2 の値を求めなさい。　　（滋賀）

(3)　関数 $y=-x^2$ で，x の値が 1 から 3 まで
増加するときの変化の割合を求めなさい。

（岐阜）

(4)　反比例 $y=\dfrac{a}{x}$ のグラフが，点 $(-3,\ 2)$ を
通るとき，a の値を求めなさい。　　（兵庫）

③ 同じ重さの玉がいくつかある。5 個の玉の重さをはかると，20g であった。このとき，x 個の玉の重さを yg として，y を x の式で表しなさい。 (沖縄)

5点

④ 2 次方程式 $x^2 + ax + b = 0$ の解が，$x = 4$ の 1 つだけとなるとき，a，b の値を求めなさい。 (青森)

各3点

⑤ 右の図で，点 A，B，C，D は円 O の周上にあり，OD∥BC，∠COD＝32° である。このとき，∠BAD の大きさを求めなさい。 (高知)

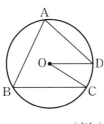

5点

⑥ 下の図には，2 点 A，B が与えられている。これを用いて，次の ┊┄┄┄┊ の中の条件①，②をともにみたす点 C を 1 つ作図しなさい。

┊ ① ∠CAB＝105° ② AC＝AB ┊

(石川)

5点

・
A

・
B

⑦ $\sqrt{124 - 8a}$ が整数となるとき，自然数 a の値をすべて求めなさい。 (秋田)

5点

8 右の図のように，関数 $y=ax^2$ のグラフ上に点 A$(3, 18)$ がある。いま，点 A を通り x 軸に平行な直線と関数 $y=ax^2$ のグラフとの交点のうち，点 A と異なる点を B とする。

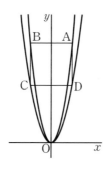

また，点 A を通り y 軸に平行な直線と関数 $y=bx^2$ のグラフとの交点を D，点 B を通り y 軸に平行な直線と関数 $y=bx^2$ のグラフとの交点を C とすると，四角形 ABCD が正方形となった。

次の問いに答えなさい。ただし，$a>b$ とする。　　　　　　　　　　　（京都）

(1) a，b の値と点 C の座標をそれぞれ求めなさい。 各4点

(2) 点 $(1, 18)$ を通り，正方形 ABCD の面積を 2 等分する直線の式を求めなさい。 5点

9 深さが 20cm の円すいの形をした容器がある。この容器に $100cm^3$ の水を入れたところ，右の図のように水面の高さが 10cm になった。

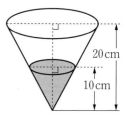

あと何 cm^3 の水を入れると，この容器はいっぱいになるか，求めなさい。　　（和歌山）

5点

10 右の図のような平行四辺形ABCDがあり，辺BC上に点Eをとり，線分AEと線分BDとの交点をFとする。また，辺BC上に点GをAB∥FGとなるようにとる。

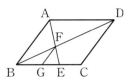

AD＝6 cm，BE＝4 cmのとき，線分EGの長さを求めなさい。 (神奈川)

6点

11 右の図において，4点A，B，C，Dは円Oの円周上の点であり，BA＝BDである。点Aを通りDCに平行な直線と円Oとの交点をEとする。AEとBD，BCとの交点をそれぞれF，Gとする。このとき，△ABG≡△DBEであることを証明しなさい。 (静岡)

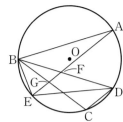

6点

1 次の計算をしなさい。　　（和歌山）

[各4点]

(1)　$4-7$

(2)　$2+(-3)\times\dfrac{1}{6}$

(3)　$(4a+5b)-2(a-3b)$

(4)　$\sqrt{8}+\dfrac{6}{\sqrt{2}}$

(5)　$(2a+1)^2-(a+3)(a-3)$

2 次の問いに答えなさい。

[各4点]

(1)　$a^2-3a-28$ を因数分解しなさい。　（山口）

(2)　$a=\dfrac{6}{7}$ のとき，

$(a-3)(a-8)-a(a+10)$ の式の値を求めな

さい。　　　　　　　　　　　　（静岡）

(3)　2次方程式 $2x^2-3x-1=0$ を解きなさい。

（富山）

(4)　関数 $y=3x^2$ について，x の変域が

$-3\leqq x\leqq 2$ のときの y の変域を求めなさい。

（福島）

3 燃料をいっぱいに入れたストーブがある。このストーブは, 1時間に燃料を0.5Lずつ使うように燃焼させると, ちょうど12時間使用できる。このストーブで, 1時間に燃料を x L ずつ使うときに使用できる時間を y 時間として, y を x の式で表しなさい。 (岩手)

4点

4 連立方程式 $\begin{cases} ax+y=7 \\ x-y=9 \end{cases}$ の解が $(x, y) = (4, b)$ であるとき, a , b の値を求めなさい。 (愛知)

各5点

5 右の図の円Oで, $\angle x$ の大きさを求めなさい。 (鳥取)

5点

6 下の図は, 直線 ℓ 上の点Aと直線 ℓ 上にない点Bを示したものである。点Aを通り直線 ℓ に垂直な直線と, 点Bを通り直線 ℓ に平行な直線との交点Pを作図によって求めなさい。 (鹿児島)

5点

B •

ℓ ———— A ————

7 $\sqrt{3n}$ が自然数で, $5<\sqrt{3n}<10$ をみたすとき, 自然数 n の値をすべて求めなさい。 (群馬)

5点

模擬テスト **2**

8 右の図のように，円周上に点 A，B，C，Dがある。直線 AD，BCの交点をEとし，Eを通り直線CDに平行な直線と直線BDとの交点をFとする。

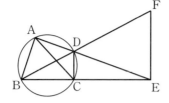

　このとき，△ABC∽△FED であることを証明しなさい。 (福井)

6点

9 右の図のように，すべての辺の長さが6cmの正四角すいABCDEがある。辺BCの中点をMとするとき，三角すいACDMの体積を求めなさい。

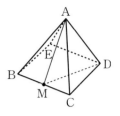

(北海道)

6点

10 a を正の数とする。右の図のように y 軸に平行な直線 ℓ が，関数 $y=x^2$ のグラフ，関数 $y=ax^2$ のグラフ，x 軸と交わる点をそれぞれ A，B，Cとする。

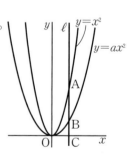

　AB＝2BC のとき，a の値を求めなさい。

(宮城)

5点

11 計算方法を書いた3枚のカード

[ア 2をたす], [イ 2倍する], [ウ 2乗する] をつくった。この3枚のカードを1枚ずつ取り出し，その順にカードに書かれている方法で計算していく。

下の例のように，3に対して，ア，イ，ウの順にカードを取り出したとき，計算の結果は100になる。

また，-2に対して，イ，ア，ウの順にカードを取り出したとき，計算の結果は4になる。次の問いに答えなさい。　(兵庫)

例
3 —[ア 2をたす]→ 5 —[イ 2倍する]→ 10 —[ウ 2乗する]→ 100
-2 —[イ 2倍する]→ -4 —[ア 2をたす]→ -2 —[ウ 2乗する]→ 4

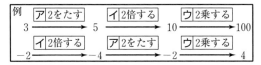

(1) ある数xに対して，ア，イ，ウの順にカードを取り出したとき，計算の結果をxを使って表しなさい。　4点

(2) ある数に対して，ア，イ，ウの順にカードを取り出しても，ウ，イ，アの順に取り出しても，計算の結果は等しかった。ある数はいくらか，すべて求めなさい。　5点

12 図1のように，1から5までの数を1つずつ書いた，同じ大きさの玉が5個入っている袋(ふくろ)がある。この袋の中の玉をよくかきまぜ，2個の玉を取り出す。最初に玉を1個取り出し，その玉を袋に戻(もど)さないで，次の玉を取り出す。このとき，図2のような，床から1段目をA，2段目をB，…，7段目をGとする階段を，下のルールにしたがって，1段ずつ移動するものとする。次の問いに答えなさい。

図1

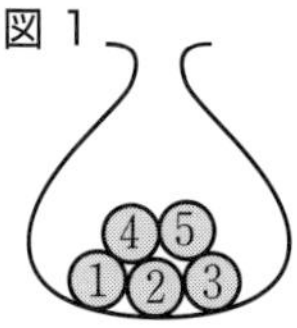

図2

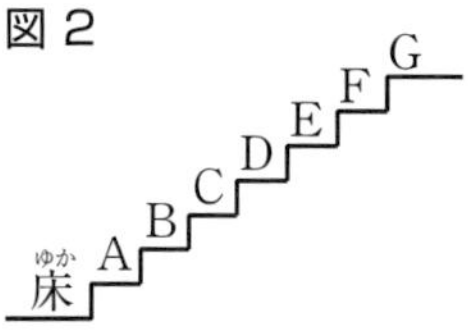

> [ルール]
> 取り出した2個の玉に書かれた数の和だけ，床の位置からGの位置に向かって上がる。ただし，2個の玉に書かれた数の和が，Gの位置で止まる数より大きいときは，その差だけGから階段を下りる。

ただし，どの玉の取り出し方も，同様に確からしいものとする。　(徳島)

(1) Gの位置で止まる確率を求めなさい。　4点

(2) Fの位置で止まる確率を求めなさい。　5点

公文式教室では、随時入会を受けつけています。

KUMONは、一人ひとりの力に合わせた教材で、
日本を含めた世界60を超える国と地域に
「学び」を届けています。
自学自習の学習法で「自分でできた！」の自信を育みます。

公文式独自の教材と、
経験豊かな指導者の適切な指導で、
お子さまの学力・能力をさらに伸ばします。

お近くの教室や公文式についてのお問い合わせは

ミンナに　　ヒャクテン
0120-372-100
受付時間9:30～17:30　月～金（祝日除く）

都合で教室に通えない場合、
通信で学習することができます。

公文式通信学習　検索

通信学習についての詳細は

0120-393-373
受付時間10:00～17:00　月～金（水・祝日除く）

お近くの教室を検索できます　　くもんいくもん　検索

公文式教室の先生になることに
ついてのお問い合わせは　　0120-834-414
くもんの先生　検索

KUMON　公文教育研究会
公文教育研究会ホームページアドレス
https://www.kumon.ne.jp/

高校入試対策 総復習
これ1冊で
しっかりやり直せる
中学数学

2021年6月	第1版第1刷発行
2024年6月	第1版第4刷発行

カバーイラスト	山内庸資
カバーデザイン	南彩乃（細山田デザイン事務所）
本文デザイン	細山田デザイン事務所・藤原勝
編集協力	出井秀幸

発行人	志村直人
発行所	株式会社くもん出版
	〒141-8488
	東京都品川区東五反田2-10-2
	東五反田スクエア11F
	電話　代表　03(6836)0301
	編集　03(6836)0317
	営業　03(6836)0305
印刷・製本	TOPPAN株式会社

©2021 KUMON PUBLISHING Co.,Ltd. Printed in Japan.
ISBN978-4-7743-3223-9

くもん出版ホームページ　https://www.kumonshuppan.com/
＊本書は『くもんの高校入試数学　完全攻略トレーニング①
　中学数学の総復習』を改題し、新しい内容を加えて編集しました。

別冊解答書

答えと考え方

高校入試対策総復習
これ1冊で
しっかりやり直せる

中学数学

くもん出版

1 正負の数 P.5

発展問題

1 答 (1) -4 と 4
(2) -3, -2, -1, 0, 1, 2, 3
(3) -3, -2, 2, 3

考え方 (2) 3 以下には 3 が入るので，
-3 以上 3 以下の整数。
(3) -1, 0, 1 は入らない。

2 答 (1) $-\dfrac{1}{4} > -\dfrac{2}{5}$
(2) -2, -1, 0, 1　(3) 4 個
(4) -1, 0, 1

考え方 (1) $\dfrac{1}{4} = \dfrac{5}{20}$, $\dfrac{2}{5} = \dfrac{8}{20}$ より，$\dfrac{1}{4} < \dfrac{2}{5}$ だ
から，$-\dfrac{1}{4} > -\dfrac{2}{5}$
(3) -3, -2, -1, 0 の 4 個。

完成問題

1 答 (1) -3 と 3　(2) 5 個
(3) -1, 0, 1　(4) -5, -4, 4, 5

考え方 (2) -2, -1, 0, 1, 2 の 5 個。
(4) -6 と -3, 3 と 6 は入らない。

2 答 (1) $-\dfrac{2}{7} > -\dfrac{1}{3}$
(2) -1, 0, 1, 2　(3) 7 個

考え方 (3) $\dfrac{14}{3} = 4.6\cdots$ だから，求める個数は
-2, -1, 0, 1, 2, 3, 4 の 7 個。

2 正負の数の加法・減法 P.7

発展問題

1 答 (1) -7　(2) -13　(3) -5
(4) $-\dfrac{1}{8}$　(5) $-\dfrac{5}{6}$　(6) -1
(7) -5　(8) 0　(9) -1
(10) -3

考え方 (3) $3-(+8)=3-8=-5$
(4) $\dfrac{1}{2} - \dfrac{5}{8} = \dfrac{4}{8} - \dfrac{5}{8} = -\dfrac{1}{8}$
(5) $-0.5 - \dfrac{1}{3} = -\dfrac{1}{2} - \dfrac{1}{3} = -\dfrac{3}{6} - \dfrac{2}{6}$
$= -\dfrac{5}{6}$

(6) $3-9+5=-6+5=-1$
または，
$3-9+5=3+5-9$
$=8-9=-1$
(8) $-\dfrac{2}{3} - \left(-\dfrac{1}{6}\right) + \dfrac{1}{2}$
$= -\dfrac{4}{6} + \dfrac{1}{6} + \dfrac{3}{6} = 0$
(9) $2+(3-6)=2-3=-1$
(10) $-5-(7-9)=-5-(-2)$
$=-5+2=-3$

完成問題

1 答 (1) -9　(2) -9　(3) $-\dfrac{2}{15}$
(4) $\dfrac{13}{12}$　(5) -7　(6) 7
(7) $-\dfrac{11}{12}$　(8) $-\dfrac{32}{15}$　(9) 11
(10) -16

(※)仮分数は帯分数で答えてもよい。

考え方 (2) $(-2)-(+7)=-2-7=-9$
(3) $\dfrac{2}{3} - \dfrac{4}{5} = \dfrac{10}{15} - \dfrac{12}{15} = -\dfrac{2}{15}$
(4) $\dfrac{1}{4} - \left(-\dfrac{5}{6}\right) = \dfrac{3}{12} + \dfrac{10}{12} = \dfrac{13}{12}$
(6) $4-(-8)-5=4+8-5$
$=12-5=7$
(7) $\dfrac{5}{4} - \left(-\dfrac{1}{6}\right) - \dfrac{7}{3}$
$= \dfrac{15}{12} + \dfrac{2}{12} - \dfrac{28}{12} = -\dfrac{11}{12}$
(8) $-2+0.2-\dfrac{1}{3} = -2+\dfrac{1}{5}-\dfrac{1}{3}$
$= -\dfrac{30}{15} + \dfrac{3}{15} - \dfrac{5}{15} = -\dfrac{32}{15}$
(9) $6-(2-7)=6-(-5)$
$=6+5=11$

3 正負の数の乗法・除法 P.9

発展問題

1 答 (1) -18　(2) 35　(3) -9
(4) 7　(5) -10　(6) $\dfrac{2}{5}$
(7) -6　(8) $\dfrac{5}{4}$　(9) 18

考え方 (6) $\left(-\dfrac{4}{5}\right)\times\left(-\dfrac{1}{2}\right)=+\left(\dfrac{4}{5}\times\dfrac{1}{2}\right)$

$=\dfrac{2}{5}$

(7) $4\div\left(-\dfrac{2}{3}\right)=-\left(4\times\dfrac{3}{2}\right)=-6$

(8) $-\dfrac{5}{6}\times\dfrac{3}{4}\times(-2)$

$=+\left(\dfrac{5}{6}\times\dfrac{3}{4}\times2\right)=\dfrac{5}{4}$

(9) $2\times(-3)^2=2\times9=18$

完成問題

1 答 (1) 8　　(2) -8　　(3) $-\dfrac{2}{3}$

(4) -12　　(5) $\dfrac{3}{10}$　　(6) $-\dfrac{4}{7}$

(7) $\dfrac{7}{15}$　　(8) -40　　(9) -4

考え方 (4) $\dfrac{8}{3}\div\left(-\dfrac{2}{9}\right)=-\left(\dfrac{8}{3}\times\dfrac{9}{2}\right)=-12$

(7) $\left(-\dfrac{4}{5}\right)\div\left(-\dfrac{6}{7}\right)\div2$

$=+\left(\dfrac{4}{5}\times\dfrac{7}{6}\times\dfrac{1}{2}\right)=\dfrac{7}{15}$

(8) $(-2)^3\times5=(-8)\times5=-40$

(9) $-6^2\div(-3)^2=-36\div9=-4$

4 正負の数の四則① P.11

発展問題

1 答 (1) -14　　(2) 2　　(3) 1

(4) -6　　(5) -5　　(6) $-\dfrac{17}{20}$

(7) -4　　(8) -10　　(9) 29

考え方 (1) $5\times(-2)-4=-10-4=-14$

(3) $12\div(-2)+7=-6+7=1$

(6) $\dfrac{1}{5}\times(-3)-\dfrac{1}{4}=-\dfrac{3}{5}-\dfrac{1}{4}$

$=-\dfrac{12}{20}-\dfrac{5}{20}=-\dfrac{17}{20}$

(8) $6\times(-3)-4\times(-2)$

$=-18-(-8)=-18+8=-10$

完成問題

1 答 (1) -10　　(2) 13　　(3) 3

(4) -3　　(5) $\dfrac{2}{5}$　　(6) $\dfrac{1}{2}$

(7) $\dfrac{1}{5}$　　(8) $\dfrac{9}{2}$　　(9) -10

考え方 (2) $7-(-2)\times3=7-(-6)$

$=7+6=13$

(6) $\dfrac{3}{4}\times\left(-\dfrac{2}{9}\right)+\dfrac{2}{3}$

$=-\left(\dfrac{3}{4}\times\dfrac{2}{9}\right)+\dfrac{2}{3}=-\dfrac{1}{6}+\dfrac{4}{6}$

$=\dfrac{3}{6}=\dfrac{1}{2}$

(7) $\dfrac{4}{5}\div\dfrac{8}{9}-\dfrac{7}{10}$

$=\dfrac{4}{5}\times\dfrac{9}{8}-\dfrac{7}{10}=\dfrac{9}{10}-\dfrac{7}{10}=\dfrac{2}{10}=\dfrac{1}{5}$

(9) $7\times(-2)-12\div(-3)$

$=-14-(-4)=-14+4=-10$

5 正負の数の四則② P.13

発展問題

1 答 (1) -3　　(2) -1　　(3) $-\dfrac{1}{7}$

(4) $\dfrac{1}{20}$　　(5) 1　　(6) 7

(7) -7　　(8) -5　　(9) $\dfrac{7}{2}$

考え方 (1) $3+2\times(4-7)=3+2\times(-3)$

$=3-6=-3$

(2) $-4+9\div(5-2)$

$=-4+9\div3=-4+3=-1$

(3) $3\times\left(\dfrac{2}{7}-\dfrac{1}{3}\right)$

$=3\times\left(\dfrac{6}{21}-\dfrac{7}{21}\right)$

$=3\times\left(-\dfrac{1}{21}\right)=-\dfrac{1}{7}$

(4) $\left(\dfrac{3}{8}-\dfrac{1}{3}\right)\div\dfrac{5}{6}$

$=\left(\dfrac{9}{24}-\dfrac{8}{24}\right)\div\dfrac{5}{6}=\dfrac{1}{24}\times\dfrac{6}{5}=\dfrac{1}{20}$

(5) $2\times3+15\div\{2+(4-9)\}$

$=6+15\div\{2+(-5)\}$

$=6+15\div(-3)=6+(-5)=1$

(6) $3+(-2)^2=3+4=7$

(7) $(-1)^2+(-2)^3=1+(-8)=-7$

(8) $7-3\times(-2)^2$

$=7-3\times4=7-12=-5$

(9) $5-\dfrac{1}{6}\times(-3)^2$

$=5-\dfrac{1}{6}\times9=5-\dfrac{3}{2}=\dfrac{7}{2}$

完成問題

1 答 (1) -2　　(2) 2　　(3) $-\dfrac{1}{14}$

(4) $\dfrac{3}{2}$　　(5) 32　　(6) -5

(7) -20　　(8) -3　　(9) 8

考え方 (3) $\left(\dfrac{2}{5}-\dfrac{1}{2}\right)\times\dfrac{5}{7}$

$=\left(\dfrac{4}{10}-\dfrac{5}{10}\right)\times\dfrac{5}{7}$

$=-\dfrac{1}{10}\times\dfrac{5}{7}=-\dfrac{1}{14}$

(4) $\dfrac{13}{12}\div\left(\dfrac{7}{6}-\dfrac{4}{9}\right)$

$=\dfrac{13}{12}\div\left(\dfrac{21}{18}-\dfrac{8}{18}\right)$

$=\dfrac{13}{12}\div\dfrac{13}{18}=\dfrac{13}{12}\times\dfrac{18}{13}=\dfrac{3}{2}$

(5) $-2^2+(-3)^2\times4$

$=-4+9\times4=-4+36=32$

(6) $-6^2\div4+(-2)^2$

$=-36\div4+4=-9+4=-5$

(7) $(-2)^3+(-3^2)\div\dfrac{3}{4}$

$=(-8)+(-9)\times\dfrac{4}{3}$

$=-8-12=-20$

(8) $\left(-\dfrac{1}{2}\right)^2\div\left(-\dfrac{1}{14}\right)+\dfrac{1}{2}$

$=\dfrac{1}{4}\times(-14)+\dfrac{1}{2}$

$=-\dfrac{7}{2}+\dfrac{1}{2}=-3$

(9) $24\div(-6)+(-2)^2\times3$

$=-4+4\times3=-4+12=8$

6　文字式　　P.15

発展問題

1 答 (1) $7a+\dfrac{b}{5}$　　(2) $4(2a+b)$

(3) $\dfrac{x+2y}{9}$　　(4) x^2-y^3

考え方 (1)は$7a+\dfrac{1}{5}b$, (3)は$\dfrac{1}{9}(x+2y)$としてもよい。

2 答 (1) $3x+250$(円)　　(2) $\dfrac{2}{75}a$(分)

(3) $\dfrac{a+b}{2}=80$　　(4) $3a+4b>35$

考え方 (1) $x\times3+50\times5=3x+250$

(2) 往復した道のりは$2a$m。$\dfrac{2a}{75}$(分)

としてもよい。

(3) $\dfrac{(得点の合計)}{(回数)}=(平均点)$

(4) 「～より大きい」は「$>$」で表す。

完成問題

1 答 (1) $3000-3a-7b$(円)

(2) $\dfrac{7}{12}x$(時間)　　(3) $2a+3b$(g)

(4) $2x+3=y+5$

(5) $150x+y\leqq10000$(重さの単位g)

〔$0.15x+0.001y\leqq10$(重さの単位kg)〕

考え方 (1) 代金は$3a+7b$(円)

$3000-(3a+7b)$(円)としてもよい。

(2) $\dfrac{x}{3}+\dfrac{x}{4}=\dfrac{4x+3x}{12}=\dfrac{7x}{12}=\dfrac{7}{12}x$

$\dfrac{7x}{12}$(時間)としてもよい。

(3) $200\times\dfrac{a}{100}+300\times\dfrac{b}{100}=2a+3b$

(4) $(x$を2倍して3を加えた数$)$

$=(y$より5大きい数$)$

$2x=y+2$などとしてもよい。

(5) 重さの単位をgに合わせると,

1kg$=1000$gだから,

「10kg以下」は「$\leqq10000$」と表せる。

または, 重さの単位をkgに合わ

せると, 1g$=\dfrac{1}{1000}$kgなので,

$\dfrac{150}{1000}x+\dfrac{1}{1000}y\leqq10$から,

$0.15x+0.001y\leqq10$としてもよい。

発展問題

1 **答** (1)　$-5a+2$　　(2)　$\dfrac{1}{2}x+4$

(3)　$10a-1$　　(4)　$-x-8$

(5)　$2x-5y$　　(6)　$-a-8b$

(7)　$4x+y$　　(8)　$\dfrac{5x-2}{12}$

考え方 (2)　$\dfrac{2}{3}x+4-\dfrac{1}{6}x$

$=\dfrac{4}{6}x-\dfrac{1}{6}x+4$

$=\dfrac{3}{6}x+4=\dfrac{1}{2}x+4$

(3)　$3(2a+1)+4(a-1)$

$=6a+3+4a-4=10a-1$

(6)　$2(a-b)-3(a+2b)$

$=2a-2b-3a-6b=-a-8b$

(7)　$4\left(\dfrac{1}{2}x+y\right)+\dfrac{1}{3}(6x-9y)$

$=2x+4y+2x-3y=4x+y$

(8)　$\dfrac{2x+1}{3}-\dfrac{x+2}{4}$

$=\dfrac{4(2x+1)-3(x+2)}{12}=\dfrac{5x-2}{12}$

完成問題

1 **答** (1)　$5a-4$　　(2)　$33a-15$

(3)　$6a-13b$　　(4)　$8x-9y$

(5)　$8x-y$　　(6)　$\dfrac{7}{6}$

(7)　$a-4b$　　(8)　$\dfrac{3x-12y}{10}$

考え方 (2)　$3(a+9)-6(7-5a)$

$=3a+27-42+30a=33a-15$

(5)　$3(2x-y+2)+2(x+y-3)$

$=6x-3y+6+2x+2y-6$

$=8x-y$

(6)　$\dfrac{1}{3}(2x+5)-\dfrac{1}{6}(4x+3)$

$=\dfrac{2(2x+5)-(4x+3)}{6}$

$=\dfrac{4x+10-4x-3}{6}=\dfrac{7}{6}$

(8)　$\dfrac{x-2y}{2}-\dfrac{x+y}{5}$

$=\dfrac{5(x-2y)-2(x+y)}{10}$

$=\dfrac{5x-10y-2x-2y}{10}=\dfrac{3x-12y}{10}$

発展問題

1 **答** (1)　$-14x^2$　　(2)　$4a^3$　　(3)　$3a$

(4)　$4a$　　(5)　$20y$　　(6)　$-2a^2$

(7)　$-5ab$

考え方 (1)　$x\times x=x^2$ であるから，

$7x\times(-2x)=-14x^2$

(2)　$(-a)^2\times4a=a^2\times4a=4a^3$

(4)　$16a^3\div(2a)^2=16a^3\div4a^2$

$=\dfrac{16a^3}{4a^2}=4a$

(5)　$8xy\div\dfrac{2}{5}x=8xy\times\dfrac{5}{2x}=20y$

(6)　$4ab\times(-3a)\div6b$

$=-\dfrac{4ab\times3a}{6b}=-2a^2$

(7)　$6ab^2\times\left(-\dfrac{1}{3}a\right)\div\dfrac{2}{5}ab$

$=-\dfrac{6ab^2\times a\times5}{3\times2ab}=-5ab$

完成問題

1 **答** (1)　$32x^2$　　(2)　$12a^3$　　(3)　$-\dfrac{2b}{a}$

(4)　$3b^2$　　(5)　$-4x^2y$　　(6)　$-6x^2y$

(7)　$-6x^2$

考え方 (2)　$(-2a)^2\times3a=4a^2\times3a$

$=12a^3$

(4)　$12a^2b^2\div(-2a)^2=12a^2b^2\div4a^2$

$=\dfrac{12a^2b^2}{4a^2}=3b^2$

(6)　$12xy^2\times\left(-\dfrac{3}{2}x\right)\div3y$

$=-\dfrac{12xy^2\times3x}{2\times3y}=-6x^2y$

(7)　$\dfrac{8}{5}x^3\div\left(-\dfrac{4}{15}x^2y\right)\times xy$

$=-\dfrac{8x^3\times15\times xy}{5\times4x^2y}=-6x^2$

発展問題

1 答 (1) $4a^2+2ab$ (2) $2x+3$

(3) $4x-2$ (4) x^2+4x-8

(5) $2x+3$

考え方 (3) $(-8x^2+4x)\div(-2x)$

$$=\frac{-8x^2}{-2x}+\frac{4x}{-2x}=4x-2$$

(4) $x(x+2)+2(x-4)$

$$=x^2+2x+2x-8$$

$$=x^2+4x-8$$

(5) $(12x^2+9x)\div3x-2x$

$$=\frac{12x^2}{3x}+\frac{9x}{3x}-2x$$

$$=4x+3-2x=2x+3$$

2 答 (1) $3x^2+10x+3$

(2) $2a^2-ab-b^2$

考え方 (1) $(x+3)(3x+1)$

$$=3x^2+x+9x+3$$

$$=3x^2+10x+3$$

(2) $(2a+b)(a-b)$

$$=2a^2-2ab+ab-b^2$$

$$=2a^2-ab-b^2$$

完成問題

1 答 (1) $3x^2-12xy$ (2) $4x-3y$

(3) $4a-3$ (4) a^2+a-2

(5) $-\dfrac{4}{3}$

考え方 (4) $2(a-1)+a(a-1)$

$$=2a-2+a^2-a=a^2+a-2$$

(5) $(24a^2b-8ab)\div6ab-4a$

$$=\frac{24a^2b}{6ab}-\frac{8ab}{6ab}-4a$$

$$=4a-\frac{4}{3}-4a=-\frac{4}{3}$$

2 答 (1) $2x^2+7x-4$

(2) $2x^2+7xy+3y^2$

考え方 (1) $(x+4)(2x-1)$

$$=2x^2-x+8x-4=2x^2+7x-4$$

(2) $(2x+y)(x+3y)$

$$=2x^2+6xy+xy+3y^2$$

$$=2x^2+7xy+3y^2$$

発展問題

1 答 (1) $a^2+8a+16$

(2) $4x^2-4xy+y^2$ (3) x^2-36

(4) $4x^2-9$ (5) $a^2-9a+20$

(6) x^2+2x+1 (7) $6x+25$

考え方 (2) $(2x-y)^2$

$$=(2x)^2-2\times2x\times y+y^2$$

$$=4x^2-4xy+y^2$$

(4) $(2x+3)(2x-3)$

$$=(2x)^2-3^2=4x^2-9$$

(6) $(x+3)(x+1)-2(x+1)$

$$=x^2+(3+1)x+3\times1-2x-2$$

$$=x^2+4x+3-2x-2=x^2+2x+1$$

(7) $(x+3)^2-(x+4)(x-4)$

$$=x^2+6x+9-(x^2-16)=6x+25$$

完成問題

1 答 (1) $x^2+4xy+4y^2$ (2) $4x^2-81$

(3) x^2+9y^2 (4) $3x-4$

(5) $2x^2-7$ (6) $2x^2+9y^2$

(7) $8x^2+4x-5$

考え方 (3) $(x+3y)^2-6xy$

$$=x^2+2\times x\times3y+(3y)^2-6xy$$

$$=x^2+6xy+9y^2-6xy=x^2+9y^2$$

(4) $(x+2)(x-2)-x(x-3)$

$$=x^2-4-x^2+3x=3x-4$$

(6) $(2x-3y)^2-2x(x-6y)$

$$=(2x)^2-2\times2x\times3y+(3y)^2$$

$$-2x^2+12xy$$

$$=4x^2-12xy+9y^2-2x^2+12xy$$

$$=2x^2+9y^2$$

発展問題

1 答 3

考え方 $48=2^4\times3=2^2\times2^2\times3$ であるから，

$48\times3=2^2\times2^2\times3^2=(2\times2\times3)^2=12^2$

2 答 (1) $(x+8)^2$ (2) $(2x+7)(2x-7)$

(3) $(x+3)(x-10)$ (4) $(x+2)(x-4)$

(5) $3(x+2)(x-2)$

考え方 (2) $4x^2-49=(2x)^2-7^2$

$$=(2x+7)(2x-7)$$

(4) $(x-5)(x+3)+7$

$$=x^2-2x-15+7$$

$$=x^2-2x-8=(x+2)(x-4)$$

(5) $3x^2-12=3(x^2-4)$

$$=3(x+2)(x-2)$$

完成問題

1 **答** $n=70$

考え方 $56=2^3\times7=2^2\times2\times7$ であるから，

$\dfrac{56}{5}=\dfrac{2^2\times2\times7}{5}$　　よって，

$\dfrac{2^2\times2\times7}{5}\times5\times2\times7=2^2\times2^2\times7^2$

$=(2\times2\times7)^2=28^2$

2 **答** (1) $(7x+5y)(7x-5y)$

(2) $(x+4)(x-7)$

(3) $(x-2)(x+8)$

(4) $9(x-2)(x-3)$

(5) $2b(a+2)^2$

考え方 (1) $49x^2-25y^2=(7x)^2-(5y)^2$

$$=(7x+5y)(7x-5y)$$

(3) $(x-4)(x+4)+6x$

$$=x^2-16+6x=x^2+6x-16$$

$$=(x-2)(x+8)$$

(4) $9x^2-45x+54$

$$=9(x^2-5x+6)=9(x-2)(x-3)$$

(5) $2a^2b+8ab+8b$

$$=2b(a^2+4a+4)=2b(a+2)^2$$

12　文字式の利用，等式の変形　P.27

発展問題

1 **答** (1) 9　　(2) $9n+5$

(3) $(9n+4)+(9n+5)$

$=18n+9$

$=9(2n+1)$

$2n+1$ は整数であるから，$9(2n+1)$ は 9 の倍数である。よって，この 2 つの整数の和は 9 の倍数になる。

考え方 (1) （わられる数）

　　　　＝（わる数）×（商）＋（余り）

(2) 大きいほうの整数は，

　　　$9n+4+1=9n+5$

2 **答** (1) $y=\dfrac{5x-3}{2}$　　(2) $b=\dfrac{a}{3}-c$

考え方 (1) $5x$ を移項して，

$$-2y=-5x+3$$

両辺を -2 でわって，

$$y=\dfrac{5x-3}{2}$$

(2) 両辺を入れかえて，

$$3(b+c)=a$$

両辺を 3 でわって，

$$b+c=\dfrac{a}{3}$$

$$b=\dfrac{a}{3}-c$$

完成問題

1 **答** 連続する 3 つの整数は，

n, $n+1$, $n+2$

と表せるから，

$$(n+2)(n+1)-n(n+1)$$

$$=n^2+3n+2-n^2-n$$

$$=2n+2$$

$$=2(n+1)\cdots\cdots①$$

①は，中央の数の 2 倍であることを表している。よって，連続する 3 つの整数のもっとも大きい数と中央の数との積から，中央の数ともっとも小さい数との積をひいた差は，中央の数の 2 倍になる。

考え方 連続する 3 つの整数は，もっとも小さい数を n とすると，n, $n+1$, $n+2$ と表せる。

2 **答** 2 つの続いた正の整数は，

$5n+2$, $5n+3$

と表せるから，それらの和は，

$$(5n+2)+(5n+3)$$

$$=10n+5$$

$$=5(2n+1)$$

$2n+1$ は整数であるから，$5(2n+1)$ は 5 の倍数である。よって，この 2 つの整数の和は 5 の倍数になる。

考え方 2 つの数の和を，5×（整数）の形に表せばよい。

3 **答** (1) $y=\dfrac{2x-5}{7}$　　(2) $b=\dfrac{4m-a}{3}$

7

考え方 (1) $2x$ を移項して，両辺を -7 でわる。

$$-7y=-2x+5$$
$$y=\dfrac{2x-5}{7}$$

(2) 両辺を入れかえて4倍する。

$$a+3b=4m$$
$$3b=4m-a$$
$$b=\dfrac{4m-a}{3}$$

---

13 平方根① P.29

発展問題

1 答 (1) $6>\sqrt{35}$　(2) $\sqrt{0.5}>0.5$

(3) $\sqrt{6}<2\sqrt{2}$

考え方 2つの数を2乗して考える。

(1) $6^2=36$, $(\sqrt{35})^2=35$

$36>35$ より，$6>\sqrt{35}$

(2) $(\sqrt{0.5})^2=0.5$, $0.5^2=0.25$

(3) $(\sqrt{6})^2=6$, $(2\sqrt{2})^2=8$

2 答 (1) 17　(2) 7個

考え方 (1) $4<\sqrt{a}$ より，$4^2<(\sqrt{a})^2$

よって，$16<a$

これを満たすもっとも小さい自然数は，17である。

(2) $(\sqrt{50})^2=50$で，$7^2=49$, $8^2=64$

$7<\sqrt{50}<8$ だから，求める正の整数は，1，2，3，4，5，6，7の7個。

完成問題

1 答 (1) $2\sqrt{3}$，$3\sqrt{2}$，5，2π

(2) 0.3，$\dfrac{1}{3}$，$\sqrt{0.3}$

考え方 (1) $(2\sqrt{3})^2=12$, $5^2=25$,

$(3\sqrt{2})^2=18$

$\pi=3.1$ とすると，$(2\pi)^2=38.44$

(2) $\left(\dfrac{1}{3}\right)^2=\dfrac{1}{9}=0.1\cdots$,

$(\sqrt{0.3})^2=0.3$, $0.3^2=0.09$

2 答 (1) 1，2，3，4，5　(2) 4個

(3) 4個

考え方 (1) $(2\sqrt{7})^2=28$で，$5^2=25$, $6^2=36$ より，

$5<2\sqrt{7}<6$

求める数は，5以下の正の整数。

---

(2) $2^2<(\sqrt{a})^2<3^2$ より，

$4<a<9$

これを満たす整数 a は，

5，6，7，8の4個。

(3) $(\sqrt{3})^2=3$ で，$1^2=1$, $2^2=4$ より，

$1<\sqrt{3}<2\cdots\cdots$①

$(\sqrt{30})^2=30$ で，$5^2=25$, $6^2=36$ より，

$5<\sqrt{30}<6\cdots\cdots$②

①，②より，求める整数は，

2，3，4，5の4個。

---

14 平方根② P.31

発展問題

1 答 (1) $6\sqrt{10}$　(2) 18　(3) $5\sqrt{7}$

(4) $2\sqrt{3}$　(5) $-\sqrt{3}$　(6) $\dfrac{5\sqrt{2}}{2}$

(7) $\dfrac{4\sqrt{10}}{5}$

考え方 (2) $\sqrt{12}\times3\sqrt{6}\div\sqrt{2}$

$=2\sqrt{3}\times3\sqrt{6}\div\sqrt{2}$

$=6\times\dfrac{\sqrt{3}\times\sqrt{6}}{\sqrt{2}}=6\times\sqrt{\dfrac{3\times6}{2}}=6\times3$

$=18$

(3) $3\sqrt{7}+\sqrt{28}=3\sqrt{7}+2\sqrt{7}=5\sqrt{7}$

(5) $2\sqrt{3}-\sqrt{48}+\sqrt{3}$

$=2\sqrt{3}-4\sqrt{3}+\sqrt{3}=-\sqrt{3}$

(6) $\dfrac{1}{\sqrt{2}}+\sqrt{8}=\dfrac{\sqrt{2}}{\sqrt{2}\times\sqrt{2}}+2\sqrt{2}$

$=\dfrac{\sqrt{2}}{2}+2\sqrt{2}=\dfrac{5\sqrt{2}}{2}$

(7) $\sqrt{10}-\dfrac{\sqrt{2}}{\sqrt{5}}=\sqrt{10}-\dfrac{\sqrt{2}\times\sqrt{5}}{\sqrt{5}\times\sqrt{5}}$

$=\sqrt{10}-\dfrac{\sqrt{10}}{5}=\dfrac{4\sqrt{10}}{5}$

完成問題

1 答 (1) 12　(2) $9\sqrt{3}$　(3) $-4\sqrt{2}$

(4) $5\sqrt{3}$　(5) $3\sqrt{2}$　(6) $\sqrt{5}$

(7) $\dfrac{4\sqrt{6}}{3}$

考え方 (1) $\sqrt{24}\times\sqrt{18}\div\sqrt{3}$

$=2\sqrt{6}\times3\sqrt{2}\div\sqrt{3}$

$=6\times\sqrt{\dfrac{6\times2}{3}}=6\times2=12$

(5) $\sqrt{3}\times\sqrt{24}-\sqrt{18}$
   $=\sqrt{3}\times2\sqrt{6}-3\sqrt{2}$
   $=6\sqrt{2}-3\sqrt{2}=3\sqrt{2}$

(6) $\sqrt{45}-\dfrac{10}{\sqrt{5}}=3\sqrt{5}-\dfrac{10\times\sqrt{5}}{\sqrt{5}\times\sqrt{5}}$
   $=3\sqrt{5}-2\sqrt{5}=\sqrt{5}$

(7) $\sqrt{24}-\dfrac{2\sqrt{2}}{\sqrt{3}}=2\sqrt{6}-\dfrac{2\sqrt{2}\times\sqrt{3}}{\sqrt{3}\times\sqrt{3}}$
   $=2\sqrt{6}-\dfrac{2\sqrt{6}}{3}=\dfrac{4\sqrt{6}}{3}$

15 平方根③ P.33

発展問題

1 答 (1) $\sqrt{6}$ (2) $2\sqrt{3}$
   (3) $2+7\sqrt{3}$ (4) $21-4\sqrt{5}$
   (5) 1 (6) $6+2\sqrt{6}$ (7) $9-3\sqrt{2}$

考え方 (1) $\sqrt{3}(\sqrt{8}-\sqrt{2})$
   $=\sqrt{3}(2\sqrt{2}-\sqrt{2})=\sqrt{3}\times\sqrt{2}=\sqrt{6}$

(2) $2\sqrt{3}(\sqrt{6}+1)-6\sqrt{2}$
   $=2\sqrt{3}\times\sqrt{6}+2\sqrt{3}\times1-6\sqrt{2}$
   $=6\sqrt{2}+2\sqrt{3}-6\sqrt{2}=2\sqrt{3}$

(3) $(2\sqrt{3}-1)(\sqrt{3}+4)$
   $=2\sqrt{3}\times\sqrt{3}+2\sqrt{3}\times4-1\times\sqrt{3}$
   $\qquad-1\times4$
   $=6+8\sqrt{3}-\sqrt{3}-4=2+7\sqrt{3}$

(4) $(2\sqrt{5}-1)^2$
   $=(2\sqrt{5})^2-2\times2\sqrt{5}\times1+1^2$
   $=20-4\sqrt{5}+1=21-4\sqrt{5}$

(5) $(7+4\sqrt{3})(7-4\sqrt{3})$
   $=7^2-(4\sqrt{3})^2=49-48=1$

(6) $(\sqrt{6}+1)^2-1$
   $=(\sqrt{6})^2+2\times\sqrt{6}\times1+1^2-1$
   $=6+2\sqrt{6}$

(7) $(2\sqrt{2}-1)^2+\sqrt{2}$
   $=(2\sqrt{2})^2-2\times2\sqrt{2}\times1+1^2+\sqrt{2}$
   $=8-4\sqrt{2}+1+\sqrt{2}=9-3\sqrt{2}$

完成問題

1 答 (1) $\sqrt{2}+3$ (2) -2
   (3) 7 (4) $5-4\sqrt{6}$
   (5) $-4+6\sqrt{2}$ (6) 15 (7) $2\sqrt{3}$

考え方 (1) $\sqrt{3}(\sqrt{6}+\sqrt{3})-\sqrt{8}$
   $=3\sqrt{2}+3-2\sqrt{2}=\sqrt{2}+3$

(2) $\sqrt{2}(\sqrt{50}-\sqrt{3})-\sqrt{3}(\sqrt{48}-\sqrt{2})$
   $=\sqrt{2}(5\sqrt{2}-\sqrt{3})-\sqrt{3}(4\sqrt{3}-\sqrt{2})$
   $=10-\sqrt{6}-12+\sqrt{6}=-2$

(3) $(2\sqrt{3}+\sqrt{5})(2\sqrt{3}-\sqrt{5})$
   $=(2\sqrt{3})^2-(\sqrt{5})^2=12-5=7$

(4) $(\sqrt{3}-\sqrt{2})^2-\sqrt{24}$
   $=(\sqrt{3})^2-2\times\sqrt{3}\times\sqrt{2}+(\sqrt{2})^2-2\sqrt{6}$
   $=3-2\sqrt{6}+2-2\sqrt{6}=5-4\sqrt{6}$

(5) $(\sqrt{8}+4)(\sqrt{8}-3)+\dfrac{8}{\sqrt{2}}$
   $=(\sqrt{8})^2+(4-3)\times\sqrt{8}+4\times(-3)$
   $\qquad+\dfrac{8\times\sqrt{2}}{\sqrt{2}\times\sqrt{2}}$
   $=8+2\sqrt{2}-12+4\sqrt{2}=-4+6\sqrt{2}$

(6) $(2\sqrt{5}-1)^2-(6-4\sqrt{5})$
   $=(2\sqrt{5})^2-2\times2\sqrt{5}\times1+1^2-6+4\sqrt{5}$
   $=20-4\sqrt{5}+1-6+4\sqrt{5}=15$

(7) $(\sqrt{3}+\sqrt{7})(\sqrt{3}-\sqrt{7})+(\sqrt{3}+1)^2$
   $=(\sqrt{3})^2-(\sqrt{7})^2$
   $\qquad+(\sqrt{3})^2+2\times\sqrt{3}\times1+1^2$
   $=3-7+3+2\sqrt{3}+1=2\sqrt{3}$

16 式の値 P.35

発展問題

1 答 (1) -4 (2) 2 (3) 3
   (4) 6.6 (5) 5 (6) $6\sqrt{7}$

考え方 (3) $xy+y^2=y(x+y)$
   $=-3\times(2-3)=-3\times(-1)=3$

(4) $a^2-b^2=(a+b)(a-b)$
   $=(2.6+0.4)\times(2.6-0.4)$
   $=3\times2.2=6.6$

(5) $x^2+2x+1=(x+1)^2$
   $=(\sqrt{5}-1+1)^2=(\sqrt{5})^2=5$

(6) $x^2y-xy=xy(x-1)$
   $=(\sqrt{7}+1)\times(\sqrt{7}-1)\times(\sqrt{7}+1-1)$
   $=(7-1)\times\sqrt{7}=6\sqrt{7}$

完成問題

1 答 (1) -6 (2) 27 (3) -12
   (4) 5.6 (5) 12 (6) $4\sqrt{15}$

考え方 (4) $x^2-4y^2=(x+2y)(x-2y)$
   $=(2.4+2\times0.2)\times(2.4-2\times0.2)$
   $=2.8\times2=5.6$

(5) $x^2-2x+1=(x-1)^2$
$\qquad =(2\sqrt{3}+1-1)^2=(2\sqrt{3})^2=12$

(6) $a^2-b^2=(a+b)(a-b)$
$\qquad a+b=2\sqrt{5}$, $a-b=2\sqrt{3}$
$\qquad$ よって,
$\qquad (a+b)(a-b)=2\sqrt{5}\times2\sqrt{3}=4\sqrt{15}$

17 数の世界の広がり　P.37

発展問題

1 答　$2.65\leqq a<2.75$

2 答　1.590×10^4m

考え方　$15900=1.590\times10000=1.590\times10^4$

3 答　$\sqrt{6}$, π, $\dfrac{\sqrt{2}}{3}$

考え方　分数, 循環小数, 有限小数はすべて有理数。$\sqrt{9}=3$ なので, 無理数ではない。

完成問題

1 答　(1) $\dfrac{3}{4}$, $-\dfrac{2}{5}$　(2) $\dfrac{5}{9}$, $\dfrac{6}{7}$

(3) $2\sqrt{2}$, $\dfrac{\sqrt{5}}{6}$

考え方　(1) $\dfrac{3}{4}=0.75$, $-\dfrac{2}{5}=-0.4$

(2) $\dfrac{5}{9}=0.\dot{5}$, $\dfrac{6}{7}=0.\dot{8}5714\dot{2}$

(3) 無理数は循環しない無限小数である。

2 答　ア…35　イ…35　ウ…$\dfrac{35}{99}$

考え方　$100x-x$ を計算すると,

$\qquad\quad 35.353535\cdots\cdots$
$\qquad -\quad 0.353535\cdots\cdots$
$\qquad\overline{\quad 35.000000\cdots\cdots}$

となり, 小数点以下の数字が消える。

18 1次方程式　P.39

発展問題

1 答　(1) $x=-11$　(2) $x=4$
(3) $x=-3$　(4) $x=-6$　(5) $x=5$

考え方　(3) $2-(3x+1)=10$ より,
$\qquad\quad 2-3x-1=10$
$\qquad\quad -3x=9\qquad x=-3$

---

(4) 両辺に 4 をかけて,
$$\dfrac{x+2}{4}\times4=(x+5)\times4$$
$\qquad x+2=4x+20$
$\qquad -3x=18\qquad x=-6$

(5) 両辺に10をかけて,
$\qquad 3x+7=6x-8$
$\qquad -3x=-15\qquad x=5$

2 答　(1) $\dfrac{3}{5}$　(2) 6

考え方　(1) $\dfrac{75}{125}=\dfrac{3}{5}$

(2) $\dfrac{3}{4}\div\dfrac{1}{8}=\dfrac{3}{4}\times\dfrac{8}{1}$
$\qquad\qquad\quad =6$

3 答　(1) $x=1.6$　(2) $x=19$

考え方　(1) $x\times9=3.6\times4$
$\qquad\quad 9x=14.4\qquad x=1.6$

(2) $(x-1)\times2=12\times3$
$\qquad\quad 2x-2=36$
$\qquad\qquad 2x=38\qquad x=19$

完成問題

1 答　(1) $x=-1$　(2) $x=-5$
(3) $x=\dfrac{3}{2}$　(4) $x=-6$
(5) $x=2$　(6) $x=-2$

考え方　(3) $6x-(2x-5)=11$ より,
$\qquad\quad 6x-2x+5=11$
$\qquad\quad 4x=6\qquad x=\dfrac{3}{2}$

(4) $4-3x=2(5-x)$ より,
$\qquad\quad 4-3x=10-2x$
$\qquad\quad -x=6\qquad x=-6$

(5) 両辺に10をかけて,
$$\left(\dfrac{1}{2}x-1\right)\times10=\dfrac{x-2}{5}\times10$$
$\qquad 5x-10=2x-4$
$\qquad 3x=6\qquad x=2$

(6) 両辺に 6 をかけて,
$$\dfrac{x+4}{2}\times6=-\dfrac{2x+1}{3}\times6$$
$\qquad 3x+12=-4x-2$
$\qquad 7x=-14\qquad x=-2$

2 答 (1) $x=\dfrac{7}{4}$ (2) $x=\dfrac{4}{3}$

考え方 (1) $(2x+1)\times 4=6\times 3$

$$8x+4=18$$
$$8x=14$$
$$x=\frac{14}{8}=\frac{7}{4}$$

(2) $x\times 9=\dfrac{3}{4}\times 16$

$$9x=12$$
$$x=\frac{12}{9}=\frac{4}{3}$$

19 1次方程式の応用 P.41

発展問題

1 答 (1) 方程式…$3x+6=4x-12$
子ども…18人 (2) 60本

考え方 (2) $3\times 18+6=60$(本)，または，
$4\times 18-12=60$(本)

2 答 5分後

考え方 母親がAさんに追いつくまでに，Aさんは母親より10分長く歩いている。
母親が家を出発してからx分後に，Aさんに追いつくとすると，

$$70(10+x)=210x$$
$$700+70x=210x$$
$$-140x=-700 \qquad x=5$$

3 答 40mL

考え方 酢をxmL混ぜるとすると，

$$x:50=60:75$$
$$x\times 75=50\times 60$$
$$75x=3000 \qquad x=40$$

完成問題

1 答 48000円

考え方 クラスの人数をx人とすると，

$$1700x-800+8000=(1700+300)x$$
$$1700x+7200=2000x$$
$$-300x=-7200 \qquad x=24$$

よって，クラス会にかかった費用は，

$$2000\times 24=48000 (円)$$

2 答 $\dfrac{15}{4}$km〔3.75km〕

考え方 父親が出発してから，Aさんに追いつくまでの時間をx時間とすると，

10分$=\dfrac{1}{6}$時間だから，

$$15\left(\frac{1}{6}+x\right)=45x \qquad \frac{5}{2}+15x=45x$$
$$-30x=-\frac{5}{2} \qquad x=\frac{1}{12}$$

よって，家からの道のりは，

$$45\times\frac{1}{12}=\frac{15}{4}(km)$$

20 連立方程式 P.43

発展問題

1 答 (1) $x=4$，$y=5$

(2) $x=2$，$y=-1$

(3) $x=-18$，$y=-4$

(4) $x=2$，$y=-1$

考え方 上の式を①，下の式を②とおく。
（これ以降同様）

(1) $$4x-3y=1 \quad\cdots\cdots①$$
$②\times 3 \quad -6x+3y=-9\cdots\cdots③$
$①+③ \quad -2x=-8 \qquad x=4$
これを②に代入して，
$$-8+y=-3 \qquad y=5$$

(2) $①\times 2 \quad 6x+8y=4 \quad\cdots\cdots③$
$②\times 3 \quad 6x-15y=27\cdots\cdots④$
$③-④ \quad 23y=-23 \qquad y=-1$
これを①に代入して，
$$3x-4=2 \qquad x=2$$

(3) $$x-3y=-6\cdots\cdots②$$
$①\times 3 \quad x-6y=6 \quad\cdots\cdots③$
$②-③ \quad 3y=-12 \qquad y=-4$
これを②に代入して，
$$x+12=-6 \qquad x=-18$$

(4) ①を②に代入して，
$$3x-2(x-3)=8 \qquad x=2$$
これを①に代入して，
$$y=2-3=-1$$

11

$\boxed{1}$ 答 (1) $x=7$, $y=10$

(2) $x=3$, $y=-2$

(3) $x=5$, $y=-6$

(4) $x=1$, $y=-1$

考え方 (3) ②×10 $2x-5y=40$ ……③

①×2 $2x+4y=-14$……④

④－③ $9y=-54$ $y=-6$

これを①に代入して，

$x-12=-7$ $x=5$

(4) ②を①に代入して，

$3x-2(-2x+1)=5$

$3x+4x-2=5$ $x=1$

これを②に代入して，$y=-1$

（21 連立方程式の応用① P.45）

発展問題

$\boxed{1}$ 答 みかん1個…60円

りんご1個…150円

考え方 みかん1個の値段を x 円，りんご1個の値段を y 円とすると，

$\begin{cases} 8x+3y=930 & ……① \\ 5x=2y & ……② \end{cases}$

①×2 $16x+6y=1860$……③

②×3 $15x=6y$ ……④

④を③に代入して，

$16x+15x=1860$ $x=60$

これを②に代入して，

$5\times60=2y$ $y=150$

$\boxed{2}$ 答 (1) $\begin{cases} x+2y=17 \\ 110y+x=100x+11y-198 \end{cases}$

(2) 755

考え方 (1) もとの自然数は，

$100x+10y+y=100x+11y$

百の位の数と一の位の数を入れかえてできる数は，

$100y+10y+x=110y+x$

$110y+x=100x+11y-198$ は整理して，$x-y=2$ としてもよい。

(2) $x+2y=17$ と $x-y=2$ を連立方程式で解くと，$x=7$, $y=5$

$\boxed{1}$ 答 金属類1kgあたりの奨励金を x 円，紙類1kgあたりの奨励金を y 円とすると，

$\begin{cases} 60x+100y=1700 & ……① \\ 40x+150y=1800 & ……② \end{cases}$

①÷20 $3x+5y=85$ ……③

②÷10 $4x+15y=180$……④

③×3 $9x+15y=255$ ……⑤

⑤－④ $5x=75$ $x=15$

これを③に代入して，

$45+5y=85$ $y=8$

これらは問題に適している。

よって，

金属類1kgあたりの奨励金…15円

紙類1kgあたりの奨励金 …8円

$\boxed{2}$ 答 $\begin{cases} 3x=y+2 & ……① \\ 2(10x+y)=10y+x+1 & ……② \end{cases}$

①より，$y=3x-2$ ……③

②より，$19x-8y=1$ ……④

③を④に代入して，

$19x-8(3x-2)=1$

$-5x=-15$ $x=3$

これを③に代入して，$y=7$

これらは問題に適している。

よって，もとの自然数は，37

考え方 もとの自然数の十の位の数と一の位の数を入れかえてできる数は，$10y+x$ と表せる。

（22 連立方程式の応用② P.47）

発展問題

$\boxed{1}$ 答 (1) $\begin{cases} x+y=14 \\ \dfrac{x}{6}+\dfrac{y}{4}=\dfrac{17}{6} \end{cases}$

(2) A地点からP地点…8km

P地点からB地点…6km

考え方 (1) 2時間50分 $=2\dfrac{5}{6}$ 時間 $=\dfrac{17}{6}$ 時間

(2) (1)の下の式の両辺に12をかけて，

$2x+3y=34$……①

上の式の両辺に2をかけて，

$2x+2y=28$……②

①－②　$y=6$

これを(1)の上の式に代入して，

$x+6=14$　　$x=8$

2 答 **昨年の1年生…20人，**

昨年の2年生…30人

考え方 昨年の1年生の部員数をx人，2年生
の部員数をy人とすると，

$$\begin{cases} x+y=50 & \cdots\cdots① \\ 0.8x+1.1y=50-1 & \cdots\cdots② \end{cases}$$

②×10　$8x+11y=490$……③

①×8　$8x+8y=400$　……④

③－④　$3y=90$　$y=30$

これを①に代入して，

$x+30=50$　　$x=20$

完成問題

1 答 (1)　**18km**　　(2)　**15km**

考え方 (1)　(速さ)×(時間)＝(道のり)だから，

$$12\times\frac{3}{2}=18(\text{km})$$

(2)　自転車で走った道のりを$x$km，
歩いた道のりを$y$kmとすると，

$$\begin{cases} x+y=18 \\ \dfrac{x}{12}+\dfrac{y}{4}=2 \end{cases}$$

これを解いて，$x=15$，$y=3$

2 答 連立方程式…$\begin{cases} x+y=330 \\ 1.1x+0.95y=336 \end{cases}$

おとな…150人，子ども…180人

考え方 5％の減少は，$1-0.05=0.95$

$1.1x+0.95y=336$ の両辺を100倍して，
係数を整数にする。

$110x+95y=33600$

(23　2次方程式①　P.49)

発展問題

1 答 (1)　$x=1$，3　　(2)　$x=-6$，-2

(3)　$x=-6$，4　　(4)　$x=-2$，3

(5)　$x=-3$，5

考え方 (2)　両辺を2でわって，

$x^2+8x+12=0$

$(x+6)(x+2)=0$ より，

$x=-6$，-2

---

(3)　移項して，$x^2+2x-24=0$

$(x+6)(x-4)=0$

(4)　左辺を展開して，$x^2-x=6$

移項して，$x^2-x-6=0$

$(x+2)(x-3)=0$

(5)　左辺を展開して，

$x^2+3x=5x+15$

移項して，$x^2-2x-15=0$

$(x+3)(x-5)=0$

完成問題

1 答 (1)　$x=-9$，2　　(2)　$x=-1$，5

(3)　$x=-2$，7　　(4)　$x=-1$，2

(5)　$x=-2$，5

考え方 (2)　両辺を2でわって，

$x^2-4x-5=0$

$(x+1)(x-5)=0$

(4)　左辺を展開して，

$4x^2-1=4x+7$

$4x^2-4x-8=0$

両辺を4でわって，

$x^2-x-2=0$

$(x+1)(x-2)=0$

(5)　両辺を展開して，

$x^2+2x=5x+10$

$x^2-3x-10=0$

$(x+2)(x-5)=0$

(24　2次方程式②　P.51)

発展問題

1 答 (1)　$x=\pm\dfrac{5}{2}$　　(2)　$x=\pm\sqrt{2}$

(3)　$x=\pm 2\sqrt{3}$　　(4)　$x=-2$，-4

(5)　$x=2\pm\sqrt{3}$

考え方 (1)　$4x^2=25$　　$x^2=\dfrac{25}{4}$　　$x=\pm\dfrac{5}{2}$

(2)　$4x^2=8$　　$x^2=2$　　$x=\pm\sqrt{2}$

(3)　$2x^2=24$　　$x^2=12$

$x=\pm\sqrt{12}=\pm 2\sqrt{3}$

(4)　$x+3=\pm 1$

$x+3=1$ または $x+3=-1$

$x=-2$，-4

(5)　$(x-2)^2=3$

　　　$x-2=\pm\sqrt{3}$　　$x=2\pm\sqrt{3}$

完成問題

1 答　(1)　$x=3\pm\sqrt{2}$　　(2)　$x=1,\ -3$

(3)　$x=-7\pm\sqrt{5}$　　(4)　$x=3\pm\sqrt{6}$

(5)　$x=-5\pm\sqrt{7}$

考え方　(1)　$x-3=\pm\sqrt{2}$　　$x=3\pm\sqrt{2}$

(2)　$x+1=\pm2$　より，$x=1,\ -3$

(4)　$(x-3)^2=6$

　　　$x-3=\pm\sqrt{6}$　　$x=3\pm\sqrt{6}$

(5)　$(x+5)^2=7$

　　　$x+5=\pm\sqrt{7}$　　$x=-5\pm\sqrt{7}$

25　2次方程式③　　P.53

発展問題

1 答　(1)　$x=2\pm\sqrt{6}$　　(2)　$x=\dfrac{5\pm\sqrt{21}}{2}$

(3)　$x=\dfrac{2\pm3\sqrt{2}}{7}$　　(4)　$x=\dfrac{4\pm\sqrt{10}}{3}$

(5)　$x=\dfrac{3}{2},\ \dfrac{1}{2}$

考え方　(1)　$x^2-4x+4=2+4$

　　　　　$(x-2)^2=6$

　　　　　$x-2=\pm\sqrt{6}$

　　　　　$x=2\pm\sqrt{6}$

(2)　$x^2-5x+\left(\dfrac{5}{2}\right)^2=-1+\left(\dfrac{5}{2}\right)^2$

　　　$\left(x-\dfrac{5}{2}\right)^2=\dfrac{21}{4}$

　　　$x-\dfrac{5}{2}=\pm\dfrac{\sqrt{21}}{2}$

　　　$x=\dfrac{5\pm\sqrt{21}}{2}$

　　または，

　　　$x=\dfrac{-(-5)\pm\sqrt{(-5)^2-4\times1\times1}}{2\times1}$

　　　$=\dfrac{5\pm\sqrt{25-4}}{2}=\dfrac{5\pm\sqrt{21}}{2}$

(3)　$x=\dfrac{-(-4)\pm\sqrt{(-4)^2-4\times7\times(-2)}}{2\times7}$

　　　$=\dfrac{4\pm\sqrt{16+56}}{14}=\dfrac{4\pm\sqrt{72}}{14}$

　　　$=\dfrac{4\pm6\sqrt{2}}{14}=\dfrac{2\pm3\sqrt{2}}{7}$

(4)　$3x^2-8x+2=0$

　　　$x=\dfrac{-(-8)\pm\sqrt{(-8)^2-4\times3\times2}}{2\times3}$

　　　$=\dfrac{8\pm\sqrt{64-24}}{6}=\dfrac{8\pm\sqrt{40}}{6}$

　　　$=\dfrac{8\pm2\sqrt{10}}{6}=\dfrac{4\pm\sqrt{10}}{3}$

(5)　$4x^2-8x+3=0$

　　　$x=\dfrac{-(-8)\pm\sqrt{(-8)^2-4\times4\times3}}{2\times4}$

　　　$=\dfrac{8\pm\sqrt{64-48}}{8}=\dfrac{8\pm\sqrt{16}}{8}$

　　　$x=\dfrac{8\pm4}{8}$　より，$x=\dfrac{3}{2},\ \dfrac{1}{2}$

完成問題

1 答　(1)　$x=\dfrac{-5\pm\sqrt{29}}{2}$　　(2)　$x=\dfrac{-3\pm\sqrt{17}}{2}$

(3)　$x=\dfrac{-1\pm\sqrt{41}}{4}$　　(4)　$x=\dfrac{-5\pm\sqrt{13}}{6}$

(5)　$x=\dfrac{3\pm\sqrt{3}}{2}$

考え方　(1)　$x^2+5x+\left(\dfrac{5}{2}\right)^2=1+\left(\dfrac{5}{2}\right)^2$

　　　　　$\left(x+\dfrac{5}{2}\right)^2=\dfrac{29}{4}$

　　　　　$x+\dfrac{5}{2}=\pm\dfrac{\sqrt{29}}{2}$　　$x=\dfrac{-5\pm\sqrt{29}}{2}$

　　　または，

　　　　　$x=\dfrac{-5\pm\sqrt{5^2-4\times1\times(-1)}}{2\times1}$

　　　　　$=\dfrac{-5\pm\sqrt{25+4}}{2}$

　　　　　$=\dfrac{-5\pm\sqrt{29}}{2}$

(2)　$x^2+3x+\left(\dfrac{3}{2}\right)^2=2+\left(\dfrac{3}{2}\right)^2$

　　　$\left(x+\dfrac{3}{2}\right)^2=\dfrac{17}{4}$

　　　$x+\dfrac{3}{2}=\pm\dfrac{\sqrt{17}}{2}$　　$x=\dfrac{-3\pm\sqrt{17}}{2}$

　　または，

　　　$x=\dfrac{-3\pm\sqrt{3^2-4\times1\times(-2)}}{2\times1}$

　　　$=\dfrac{-3\pm\sqrt{9+8}}{2}$

　　　$=\dfrac{-3\pm\sqrt{17}}{2}$

(3) $x=\dfrac{-1\pm\sqrt{1^2-4\times2\times(-5)}}{2\times2}$

　　$=\dfrac{-1\pm\sqrt{1+40}}{4}=\dfrac{-1\pm\sqrt{41}}{4}$

(4) $3x^2+5x+1=0$

　　$x=\dfrac{-5\pm\sqrt{5^2-4\times3\times1}}{2\times3}$

　　$=\dfrac{-5\pm\sqrt{25-12}}{6}=\dfrac{-5\pm\sqrt{13}}{6}$

(5) $4x^2-12x+6=0$

　　$2x^2-6x+3=0$

　　$x=\dfrac{-(-6)\pm\sqrt{(-6)^2-4\times2\times3}}{2\times2}$

　　$=\dfrac{6\pm\sqrt{36-24}}{4}=\dfrac{6\pm\sqrt{12}}{4}$

　　$=\dfrac{6\pm2\sqrt{3}}{4}=\dfrac{3\pm\sqrt{3}}{2}$

26　2次方程式の応用　P.55

発展問題

1 答　10，11，12

考え方　中央の自然数を x とすると，

　　$(x-1)^2+x^2+(x+1)^2=365$

　　$3x^2=363$　　$x^2=121$　　$x=\pm11$

x は自然数だから，$x=11$

よって，求める3つの自然数は，10，

11，12

2 答　(1) 縦… $x-2$(cm)，横… $x+2$(cm)

　(2) 8 cm

考え方　(2) $(x-2)(x+2)=60$

　　　$x^2-4=60$　　$x^2=64$

　　　$x=\pm8$

　　　$x>2$ より，$x=8$

完成問題

1 答　$a=6$

考え方　$(3a)^2=3a^2+216$　　$6a^2=216$

$a^2=36$　　$a=\pm6$

a は正の整数より，$a=6$

2 答　5 cm

考え方　色をぬった部分の幅を x cmとすると，

白い部分は，

　　縦が $20-x$(cm)，横が $30-x$(cm)

の長方形と考えられる。

$(20-x)(30-x)=20\times30\times\dfrac{5}{8}$

　　$600-50x+x^2=375$

　　$x^2-50x+225=0$

　　$(x-5)(x-45)=0$　　$x=5,\ 45$

$0<x<20$ より，$x=5$

3 答　$x=-2+\sqrt{6}$

考え方　$(3-x)(7+x)=19$

　　　$21-4x-x^2=19$

　　　$x^2+4x-2=0$

　　　$x^2+4x=2$

　　　$x^2+4x+2^2=2+2^2$

　　　$(x+2)^2=6$

　　　$x+2=\pm\sqrt{6}$　　　$x=-2\pm\sqrt{6}$

$0<x<3$ より，$x=-2+\sqrt{6}$

27　方程式の応用　P.57

発展問題

1 答　(1) $a=-2$　　(2) $a=-4$

　(3) $a=2$，他の解は -4

　(4) $a=-1$，$b=-4$

考え方　(1) $x=-3$ を $2x-5=3x+a$ に代入

して，$2\times(-3)-5=3\times(-3)+a$

　　$-6-5=-9+a$　　$a=-2$

(2) $x=4$ を $x^2-3x+a=0$ に代入して，

　　$16-12+a=0$　　$a=-4$

(3) $x=2$ を $x^2+ax-8=0$ に代入して，

　　$4+2a-8=0$　　$a=2$

　　$x^2+2x-8=0$ より，

　　$(x-2)(x+4)=0$　　$x=2,\ -4$

　　よって，他の解は，$x=-4$

(4) $x=3$，$y=-1$ を連立方程式に代

入して，

$$\begin{cases} 3a-b=1 \\ 3a+b=-7 \end{cases}$$

これを解いて，$a=-1$，$b=-4$

完成問題

1 答　(1) $a=5$　　(2) $a=5$，他の解は 3

　(3) $a=0$，-4　　(4) $a=6$，$b=4$

考え方　(1) $x=3$ を方程式に代入して，

　　$6-a=4(a-3)-7$

　　$-5a=-25$　　$a=5$

15

(2) $x=2$ を方程式に代入して,
$4-2a+6=0$ $a=5$
$x^2-5x+6=0$ より,
$(x-2)(x-3)=0$ $x=2, 3$
よって, 他の解は, $x=3$

(3) $x=2$ を方程式に代入して,
$4+4a+a^2-4=0$
$a(a+4)=0$ $a=0, -4$

(4) $x=1, y=-2$ を方程式に代入して,
$\begin{cases} a+2b=14 \\ a-2b=-2 \end{cases}$
これを解いて, $a=6, b=4$

---

28 比例・反比例① P.59

発展問題

1 答 比例…③, ⑥, 反比例…②, ⑤

考え方 ③ $3y=x$ より, $y=\dfrac{1}{3}x$

⑤ $xy=-6$ より, $y=-\dfrac{6}{x}$

⑥ $x+y=0$ より, $y=-x$

2 答 (1) $y=-4x$ (2) $y=16$

考え方 (1) $y=ax$ とおき, $x=2, y=-8$ を
代入すると, $-8=a\times2$ $a=-4$

(2) $y=-4x$ に, $x=-4$ を代入する。

3 答 (1) $y=\dfrac{18}{x}$ (2) $y=2$

考え方 (1) $y=\dfrac{a}{x}$ とおくと, $a=xy$ より,

$a=3\times6=18$

(2) $y=\dfrac{18}{x}$ に, $x=9$ を代入する。

完成問題

1 答 (1) $y=7x$ (2) $y=6$

(3) $y=\dfrac{72}{x}$ (4) $y=3$

考え方 (2) $y=ax$ とおき, $x=3, y=-9$ を
代入すると, $-9=3a$ $a=-3$
$y=-3x$ に, $x=-2$ を代入する。

(4) $y=\dfrac{a}{x}$ とおくと, $a=xy$ より,

$a=4\times(-6)=-24$

$y=-\dfrac{24}{x}$ に, $x=-8$ を代入する。

---

29 比例・反比例② P.61

発展問題

1 答 (1) $y=\dfrac{2}{3}x$ (2) $y=-\dfrac{1}{2}x$

(3)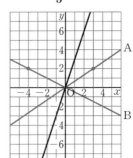

考え方 比例のグラフだから, 式を $y=ax$ と
おく。

(2) $x=-4, y=2$ を代入して,

$2=-4a$ $a=-\dfrac{1}{2}$

(3) $x=2, y=6$ を代入して,
$6=2a$ $a=3$
$y=3x$ のグラフをかく。

2 答 (1) $y=-\dfrac{12}{x}$ (2) $y=\dfrac{18}{x}$

(3)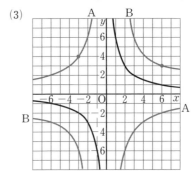

考え方 反比例のグラフだから, 式を $y=\dfrac{a}{x}$ と

おき, $a=xy$ より a の値を求める。

(1) $x=-3, y=4$ を代入して,
$a=(-3)\times4=-12$

(2) $x=6, y=3$ を代入して,
$a=6\times3=18$

(3) $x=3, y=2$ を代入して,
$a=3\times2=6$

$y=\dfrac{6}{x}$ のグラフをかく。

1 答 (1) $y=2x$　　(2) $y=\dfrac{12}{x}$

考え方 (1) $y=ax$ に，$x=3$，$y=6$ を代入する。

(2) $y=\dfrac{a}{x}$ より，$a=xy$ に，$x=3$，

$y=4$（または $x=-3$，$y=-4$）を代入する。

2 答 $y=\dfrac{8}{x}$，グラフは下の図。

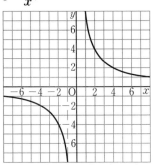

考え方 点 $(1,\ 8)$，$(2,\ 4)$，$(4,\ 2)$，$(8,\ 1)$ と，点 $(-1,\ -8)$，$(-2,\ -4)$，$(-4,\ -2)$，$(-8,\ -1)$ を通るなめらかな曲線をかく。

30　1次関数① P.63

発展問題

1 答 (1) $\dfrac{2}{3}$　　(2) 6

考え方 (2) （y の増加量）
　　＝（変化の割合）×（x の増加量）
　　より，$3\times2=6$

2 答 傾き…$-\dfrac{1}{4}$，切片…3

3 答 (1) $y=x-2$　　(2) $y=-\dfrac{1}{2}x+4$

(3) $y=2x-5$

考え方 (3) 平行な2直線は傾きが等しい。点 $(0,\ -5)$ は y 軸との交点であるから，切片は -5 である。

完成問題

1 答 $-\dfrac{1}{3}$

考え方 （傾き）＝（変化の割合）より，
$$\dfrac{1-3}{2-(-4)}=\dfrac{-2}{6}=-\dfrac{1}{3}$$

---

2 答 (1) $y=\dfrac{1}{2}x-3$　　(2) $y=-3x+2$

考え方 (2) 傾き -3，切片 2 の直線。

3 答 イ

考え方 「直線 $y=-2x-1$ と交わらない」とは，「直線 $y=-2x-1$ と平行である」ということである。
グラフの傾きは，
ア…$-\dfrac{1}{2}$，イ…-2，ウ…2，エ…$\dfrac{1}{2}$

31　1次関数② P.65

発展問題

1 答 (1) $y=-3x-4$　　(2) $y=2x-3$

考え方 求める直線の式を $y=ax+b$ とおく。

(1) 傾きが -3 より，$y=-3x+b$
　　これに，$x=-2$，$y=2$ を代入して，
　　$2=-3\times(-2)+b$　　$b=-4$

(2) 切片が -3 より，$y=ax-3$
　　これに，$x=2$，$y=1$ を代入して，
　　$1=2a-3$　　$a=2$

2 答 (1) $y=\dfrac{1}{2}x-3$　　(2) $y=-x+4$

考え方 (1) 傾きは，$\dfrac{-2-(-5)}{2-(-4)}=\dfrac{1}{2}$

　　より，$y=\dfrac{1}{2}x+b$

　　これに，$x=2$，$y=-2$（または $x=-4$，$y=-5$）を代入して，b の値を求める。

(2) $y=ax+b$ とおき，2点の座標を代入すると，
$$\begin{cases}3=a+b\\6=-2a+b\end{cases}$$
これを解いて，$a=-1$，$b=4$

完成問題

1 答 (1) $y=3x+8$　　(2) $y=-2x+6$

(3) $a=2$，$b=-3$　　(4) $y=\dfrac{1}{2}x+\dfrac{9}{2}$

考え方 (1) 傾きが3より，$y=3x+b$ とおける。これに，$x=-1$，$y=5$ を代入して，b の値を求める。

(2) 切片が6より，$y=ax+6$ とおける。これに，$x=3$，$y=0$ を代入して，a の値を求める。

(3) $y=ax+b$ とおいて，

連立方程式 $\begin{cases} -1=a+b \\ 1=2a+b \end{cases}$ を解く。

または，$a=\dfrac{1-(-1)}{2-1}=2$

$y=2x+b$ に，$x=1$，$y=-1$（または $x=2$，$y=1$）を代入して，b の値を求めてもよい。

(4) $y=ax+b$ とおいて，

連立方程式 $\begin{cases} 2=-5a+b \\ 6=3a+b \end{cases}$ を解く。

または，$a=\dfrac{6-2}{3-(-5)}=\dfrac{1}{2}$

$y=\dfrac{1}{2}x+b$ に，$x=-5$，$y=2$（または $x=3$，$y=6$）を代入して，b の値を求めてもよい。

32 1次関数③　　P.67

発展問題

1 答 (1) $-1\leqq y\leqq5$　　(2) $3\leqq y\leqq8$

考え方 (1) $x=-3$ のとき

$y=\dfrac{2}{3}\times(-3)+1=-1$

$x=6$ のとき $y=\dfrac{2}{3}\times6+1=5$

$y=\dfrac{2}{3}x+1$ のグラフは右上がりの直線だから，$-1\leqq y\leqq5$

(2) $x=-2$ のとき $y=-(-2)+6=8$

$x=3$ のとき $y=-3+6=3$

$y=-x+6$ のグラフは右下がりの直線だから，$3\leqq y\leqq8$

2 答 A$(3,\ 8)$

考え方 2つの直線の交点の座標は，直線を表す2つの式を連立方程式として解いたときの解である。

$\begin{cases} y=x+5 \\ y=3x-1 \end{cases}$ より，

$x+5=3x-1$　　$x=3$

これを $y=x+5$ に代入して，$y=8$

よって，求める交点 A の座標は$(3,\ 8)$

完成問題

1 答 (1) $0\leqq y\leqq7$　　(2) $-3\leqq y\leqq9$

考え方 (1) $x=-4$ のとき $y=7$

$x=3$ のとき $y=0$

2 答 (1) $y=-x+4$　　(2) A$\left(\dfrac{4}{3},\ \dfrac{8}{3}\right)$

考え方 (1) $y=ax+b$ に，$a=-1$，$b=4$ を代入する。

(2) 連立方程式 $\begin{cases} y=2x \\ y=-x+4 \end{cases}$ を解く。

33 関数 $y=ax^2$ といろいろな関数　　P.69

発展問題

1 答 (1) $y=\dfrac{2}{3}x^2$　　(2) $y=24$

考え方 (1) $y=ax^2$ に，$x=-3$，$y=6$ を代入して，

$6=a\times(-3)^2$　　$a=\dfrac{2}{3}$

(2) $y=\dfrac{2}{3}x^2$ に，$x=-6$ を代入して，

$y=\dfrac{2}{3}\times(-6)^2=24$

2 答

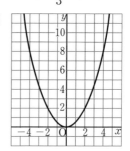

考え方 $y=\dfrac{1}{2}x^2$ のグラフ上の点$(2,\ 2)$，$(4,\ 8)$ と原点を通り，y 軸について対称なめらかな曲線をかく。

3 答

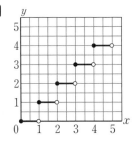

考え方

$0 \leqq x < 1$ のとき，$y=0$

$1 \leqq x < 2$ のとき，$y=1$

$2 \leqq x < 3$ のとき，$y=2$

$3 \leqq x < 4$ のとき，$y=3$

$4 \leqq x < 5$ のとき，$y=4$

これらより，グラフは階段状になる。

完成問題

1 答　(1)　$a=-\dfrac{1}{2}$　　(2)　$y=8$

考え方　(1)　$y=ax^2$ に，$x=4$，$y=-8$ を代入

して，

$$-8 = a \times 4^2 \qquad a = -\dfrac{1}{2}$$

(2)　$18 = a \times 3^2 \qquad a = 2$

$y = 2x^2$ に，$x=2$ を代入する。

2 答　(1)　$y = \dfrac{3}{4}x^2$

(2)　グラフは右の図。

考え方　(1)　$3 = a \times 2^2$

$$a = \dfrac{3}{4}$$

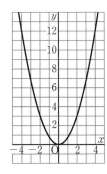

発展問題

1 答　(1)　①　$1 \leqq y \leqq 4$　　②　$0 \leqq y \leqq 4$

(2)　$-16 \leqq y \leqq 0$

考え方　(1)　$y = \dfrac{1}{4}x^2$ のグ

ラフは，右の図

のようになる。

①　$x=2$ のとき

$y=1$

$x=4$ のとき $y=4$

②　$x=0$ のとき $y=0$

(2)　$x=-2$ のとき

$y=-4$

$x=4$ のとき

$y=-16$

$x=0$ のとき $y=0$

$-2 \leqq x \leqq 4$ での

$y=-x^2$ のグラフは，

右の図のようになる。

2 答　$a = \dfrac{1}{3}$

考え方　y の変域 $0 \leqq y \leqq 12$ から，$a>0$ であ

る。$y = ax^2$ のグラフを考えると，

$y=12$ となるのは $x=6$ のときだから，

$$12 = a \times 6^2 \qquad a = \dfrac{1}{3}$$

完成問題

1 答　(1)　$0 \leqq y \leqq 8$　　(2)　$a=-18$，$b=0$

(3)　7個

考え方　(1)　x の変域に 0 をふくむから，

$x=0$ のとき $y=0$

$x=-4$ のとき $y=8$

(2)　x^2 の係数が負で，x の変域に 0 を

ふくむから，

$x=3$ のとき $y=-18$

$x=0$ のとき $y=0$

よって，$-18 \leqq y \leqq 0$

(3)　$x=6$ のとき $y=12$

$x=0$ のとき $y=0$

また，$x=-6$ のとき $y=12$ であ

るから，$-6 \leqq n \leqq 0$

19

2 **答** $a=3$

考え方 y の変域から $a>0$ である。$y=ax^2$ の
グラフを考えると，$y=12$ となるのは
$x=-2$ のときだから，
$$12=a\times(-2)^2 \quad a=3$$

(35 関数 $y=ax^2$ ②) **P.73**

発展問題

1 **答** (1) 3 (2) -4

考え方 (1) $x=2$ のとき $y=2$
$x=4$ のとき $y=8$
よって，$\dfrac{8-2}{4-2}=3$

(2) $x=1$ のとき $y=-1$
$x=3$ のとき $y=-9$
よって，$\dfrac{-9-(-1)}{3-1}=-4$

2 **答** $a=4$

考え方 $x=2$ のとき $y=4a$
$x=5$ のとき $y=25a$
よって，$\dfrac{25a-4a}{5-2}=28$ より，
$7a=28 \quad a=4$

3 **答** (1) 2 (2) 2

考え方 (1) $\dfrac{9-1}{3-(-1)}=2$

(2) 直線 AB の傾きは，(1)で求めた変
化の割合に等しい。

完成問題

1 **答** (1) -2 (2) 3

考え方 (1) $x=-4$ のとき $y=32$
$x=3$ のとき $y=18$
よって，$\dfrac{18-32}{3-(-4)}=-2$

(2) $x=1$ のとき $y=\dfrac{1}{2}$
$x=5$ のとき $y=\dfrac{25}{2}$
よって，y の増加量は，
$\dfrac{25}{2}-\dfrac{1}{2}=12$ だから，$\dfrac{12}{5-1}=3$

---

2 **答** $a=-2$

考え方 $x=2$ のとき $y=4a$
$x=6$ のとき $y=36a$
よって，$\dfrac{36a-4a}{6-2}=-16$ より，
$8a=-16 \quad a=-2$

3 **答** $a=\dfrac{3}{2}$

考え方 $x=-2$ のとき $y=4a$
$x=4$ のとき $y=16a$
変化の割合は，直線 ℓ の傾きに等しい
から，
$$\dfrac{16a-4a}{4-(-2)}=3$$
よって，$2a=3 \quad a=\dfrac{3}{2}$

(36 作図①) **P.75**

発展問題

1 **答**

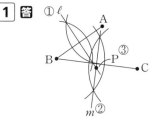

考え方 PA＝PB，PB＝PC であるから，
PA＝PB＝PC となり，点 P は 3 点 A，
B，C から等しい距離にある。

完成問題

1 **答** (1)

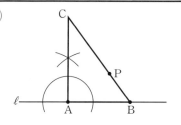

(2)

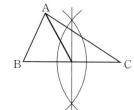

考え方 (1) ① ℓ 上の点 A を通り，ℓ に垂直な直線をひく。（∠A＝90°）

② B，P を通る直線をひき，①の直線との交点をCとする。

(2) 頂点 A を通る直線は，辺 BC の中点を通るとき，△ABC の面積を2等分する。辺 BC の中点は，辺 BC の垂直二等分線と辺 BC の交点で求められる。

37 作図② P.77

発展問題

1 答
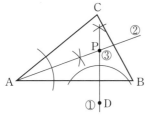

2 答
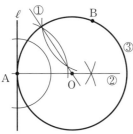

考え方 ①より，OA＝OB になる。

②より，$\ell \perp$ OA であるから，ℓ は円 O の接線になる。

完成問題

1 答
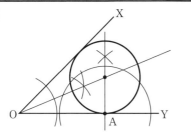

考え方 ∠XOY の二等分線と，点 A を通る線分 OY の垂線の交点を中心とし，点 A を通る円をかく。

38 図形の移動① P.79

発展問題

1 答
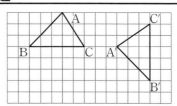

考え方
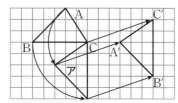

△ABCを点Cを中心として，反時計まわりに90°だけ回転移動させてできる三角形はアで，アを目盛りにそって，右へ6目盛り，上へ2目盛り平行移動させてできる三角形が△A′B′C′である。

2 答 (1) ウ (2) イ，エ，カ

考え方 (1) 影をつけた三角形は，右の図のように，平行移動できる。

(2) 影をつけた三角形は，右の図のように，点Oを中心として回転移動できる。
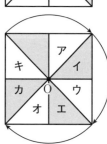

完成問題

1 答 (1) **エ**，移動の方向と距離は下の図。

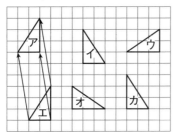

(2) **オ**，（反時計まわりに）90°

考え方 (2) **オ**の三角形を，平行移動と回転移動を組み合わせて**ア**に重ねる方法は，何通りもあるが，例を1つあげると，下の図のようになる。**オ**の三角形を，左へ3目盛り，上へ5目盛りだけ平行移動させ，次に，直角の頂点を中心として，反時計まわりに90°回転移動させる。

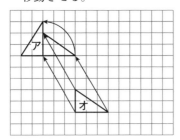

---

39 図形の移動② P.81

発展問題

1 答

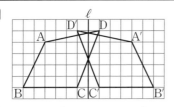

2 答

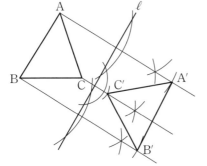

考え方 A，B，Cの各点からそれぞれ，ℓに対して垂線をひく。各点からℓまでの距離が等しい点を，ℓに対して反対側にとると，これが点A′，B′，C′となる。

完成問題

1 答

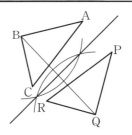

考え方 対応する2つの頂点，たとえば，BとQを線分で結ぶと，この線分の垂直二等分線が対称の軸となる。

2 答

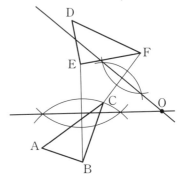

考え方 回転の中心Oから対応する2つの頂点までの距離は等しい。したがって，対応する2つの頂点を結ぶ線分の垂直二等分線を2つ作図し，その交点をOとすればよい。

---

40 空間図形① P.83

発展問題

1 答 (1) 3つ (2) 辺AD，辺CF

(3) 辺CF，辺DF，辺EF

考え方 (1) 面ABC，面DEF，面ACFD

(3) 辺ABと平行でなく，交わらない辺をさがす。

2 答 (1) 辺GF

(2) ① 垂直 ② ねじれの位置にある

考え方	展開図を組み立てて考えると，わかりやすい。

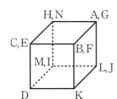

完成問題

1 答 辺 OC，辺 OD

2 答 イ

考え方	展開図を組み立てると，右の図のようになる。辺 AN とねじれの位置にある辺は，辺 DC(辺 HI)，辺 EF(辺 GF)，辺 BC(辺 JI)，辺 MF である。

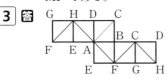

3 答

考え方	頂点の記号は書き入れなくてもよいが，書き入れて考えたほうがミスが少なくなる。

---

41 空間図形② P.85

発展問題

1 答 (1) $88\pi\,\text{cm}^2$ (2) $132\,\text{cm}^2$

考え方 (1) 側面積…$7\times(2\pi\times4)=56\pi\,(\text{cm}^2)$
底面積…$\pi\times4^2=16\pi\,(\text{cm}^2)$
よって，表面積は，
$56\pi+16\pi\times2=88\pi\,(\text{cm}^2)$

(2) 側面積…$\dfrac{1}{2}\times6\times8\times4=96\,(\text{cm}^2)$
底面積…$6\times6=36\,(\text{cm}^2)$
よって，表面積は，
$96+36=132\,(\text{cm}^2)$

2 答 (1) $96\pi\,\text{cm}^3$ (2) $12\,\text{cm}^3$

考え方 (1) $\dfrac{1}{3}\times\pi\times6^2\times8=96\pi\,(\text{cm}^3)$

(2) 底面積…$\dfrac{1}{2}\times4\times3=6\,(\text{cm}^2)$
より，体積は，$\dfrac{1}{3}\times6\times6=12\,(\text{cm}^3)$

完成問題

1 答 $108\,\text{cm}^2$

考え方 側面積は，
$3\times(5+2+6+2+5)=60\,(\text{cm}^2)$
底面積は，
$2\times6+\dfrac{1}{2}\times6\times4=24\,(\text{cm}^2)$
よって，表面積は，
$60+24\times2=108\,(\text{cm}^2)$

2 答 $36\,\text{cm}^3$

考え方	見取図は右の図のようになり，四角形 DEFG，EHIF は正方形であるから，

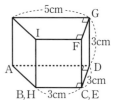

$BC=CD=DG=3\,\text{cm}$
底面 ABCD の面積は，
$\dfrac{1}{2}\times(3+5)\times3=12\,(\text{cm}^2)$
高さは $3\,\text{cm}$ だから，体積は，
$12\times3=36\,(\text{cm}^3)$

3 答 $\dfrac{160}{3}\,\text{cm}^3$

考え方 (立方体の体積)－(三角すいの体積)で求められる。
立方体の体積は，$4\times4\times4=64\,(\text{cm}^3)$
三角すいの体積は，
$\dfrac{1}{3}\times\left(\dfrac{1}{2}\times4\times4\right)\times4=\dfrac{32}{3}\,(\text{cm}^3)$
よって，$64-\dfrac{32}{3}=\dfrac{160}{3}\,(\text{cm}^3)$

---

42 空間図形③ P.87

発展問題

1 答 $\dfrac{3}{2}$ 倍

考え方 同じ半径の円では，おうぎ形の弧の長さは中心角に比例するから，
$\dfrac{\overarc{AB}}{\overarc{AC}}=\dfrac{80+40}{80}=\dfrac{3}{2}$

2 答 (1) 弧の長さ…$3\pi\,\text{cm}$，
面積…$\dfrac{27}{2}\pi\,\text{cm}^2$

(2) 弧の長さ…2πcm，面積…5πcm^2

考え方 (1) 弧の長さは，
$$2\pi \times 9 \times \frac{60}{360} = 3\pi\,(\text{cm})$$

面積は，
$$\pi \times 9^2 \times \frac{60}{360} = \frac{27}{2}\pi\,(\text{cm}^2)$$

(2) 弧の長さは，
$$2\pi \times 5 \times \frac{72}{360} = 2\pi\,(\text{cm})$$

面積は，
$$\pi \times 5^2 \times \frac{72}{360} = 5\pi\,(\text{cm}^2)$$

3 答 (1) $144°$　(2) 56πcm^2

考え方 (1) $\overset{\frown}{\text{AB}} = 2\pi \times 10 \times \dfrac{a}{360}$

これが，底面の円周に等しいから，
$$2\pi \times 10 \times \frac{a}{360} = 2\pi \times 4$$
$$10a = 4 \times 360 \qquad a = 144$$

(2) 側面積は，
$$\pi \times 10^2 \times \frac{144}{360} = 40\pi\,(\text{cm}^2)$$

底面積は，
$$\pi \times 4^2 = 16\pi\,(\text{cm}^2)$$

よって，表面積は，
$$40\pi + 16\pi = 56\pi\,(\text{cm}^2)$$

完成問題

1 答 $\dfrac{2}{3}$倍

考え方 右の図で，△OBQは正三角形であるから，

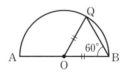

$$\angle\text{AOQ} = 180° - 60° = 120°$$
$$\frac{\overset{\frown}{\text{AQ}}}{\overset{\frown}{\text{AB}}} = \frac{120}{180} = \frac{2}{3}$$

2 答 $288°$

考え方 展開図のおうぎ形の中心角を$a°$とすると，
$$2\pi \times 10 \times \frac{a}{360} = 2\pi \times 8$$
$$10a = 8 \times 360 \qquad a = 288$$

3 答 (1) 24πcm　(2) 64πcm^2

考え方 (1) 円すいの底面の円周は，
$$2\pi \times 4 = 8\pi\,(\text{cm})$$
よって，求める太線の円周は，
$$8\pi \times 3 = 24\pi\,(\text{cm})$$

(2) 太線の円の半径，つまり，円すいの母線の長さを$r$cmとすると，
$$2\pi r = 24\pi \qquad r = 12$$
円すいの側面積は，
$$\pi \times 12^2 \times \frac{1}{3} = 48\pi\,(\text{cm}^2)$$

表面積は，
$$48\pi + \pi \times 4^2 = 64\pi\,(\text{cm}^2)$$

43 空間図形④　P.89

発展問題

1 答 イ

2 答 (1) 16πcm^3　(2) 24πcm^3

考え方 (1) 底面の半径が4cm，高さが3cmの円すいの体積が求めるものなので，
$$\frac{1}{3}\pi \times 4^2 \times 3 = 16\pi\,(\text{cm}^3)$$

(2) 底面の半径が3cm，高さが4cmの円すいを2つ合わせた立体の体積が求めるものなので，
$$\frac{1}{3}\pi \times 3^2 \times 4 \times 2 = 24\pi\,(\text{cm}^3)$$

完成問題

1 答

2 答 32πcm^3

考え方 できる回転体は，右の図のような大きい円柱から，小さい円柱を取り除いた立体である。

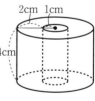

$$\pi \times (1+2)^2 \times 4 - \pi \times 1^2 \times 4$$
$$= 36\pi - 4\pi = 32\pi\,(\text{cm}^3)$$

3 答 27πcm^3

考え方 できる回転体は, 右の図のような 円すいと円柱を 組み合わせた立 体である。

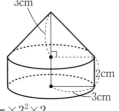

$$\frac{1}{3}\pi \times 3^2 \times 3 + \pi \times 3^2 \times 2$$
$$= 9\pi + 18\pi = 27\pi(cm^3)$$

44 空間図形⑤   P.91

発展問題

1 答 立面図

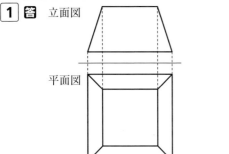

平面図

(※)平面図は長方形でもよい。

考え方 正面から見た図(立面図)は, 台形, 真 上から見た図(平面図)は, 正方形(長 方形でもよい)である。

2 答 体積…72πcm³, 表面積…180πcm²

考え方 体積 : $\pi \times 6^2 \times 6 - \frac{1}{2} \times \frac{4}{3}\pi \times 6^3$
$$= 216\pi - 144\pi = 72\pi(cm^3)$$

表面積 : (円柱の側面積)
$\qquad$ +(円柱の底面積)
$\qquad$ +(半球の球面の面積)
$$= 6 \times (2\pi \times 6) + \pi \times 6^2$$
$$\qquad + \frac{1}{2} \times 4\pi \times 6^2$$
$$= 72\pi + 36\pi + 72\pi$$
$$= 180\pi(cm^2)$$

完成問題

1 答 600cm³

考え方 問題の立体 は右のよう になり, 底 面が台形の 四角柱と直方体の2つに分けて体積を

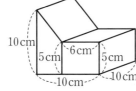

求めると,
$$\left\{\frac{1}{2} \times (5+10) \times 4\right\} \times 10 + 5 \times 6 \times 10$$
$$= 300 + 300 = 600(cm^3)$$

2 答 1 : 2 : 3

考え方 円すい : $\frac{1}{3}\pi \times 3^2 \times 6 = 18\pi(cm^3)$

球 : $\frac{4}{3}\pi \times 3^3 = 36\pi(cm^3)$

円柱 : $\pi \times 3^2 \times 6 = 54\pi(cm^3)$

3つの体積の比は,
$18\pi : 36\pi : 54\pi = 1 : 2 : 3$

3 答 78πcm³

考え方 問題の図を直線ℓ を軸として回転さ せてできる立体は, 右のようになり, 円すいから半球を

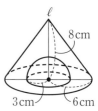

くり抜いた形になっている。よって, 求める体積は,
$$\frac{1}{3}\pi \times 6^2 \times 8 - \frac{1}{2} \times \frac{4}{3}\pi \times 3^3$$
$$= 96\pi - 18\pi = 78\pi(cm^3)$$

45 多角形の角   P.93

発展問題

1 答 (1) $\angle x = 75°$, $\angle y = 135°$
$\qquad$ (2) 62°

考え方 (1) △ABCの内角の和は180°だから,
$$\angle x = 180° - (65° + 40°) = 75°$$
$$\angle DCE = 180° - 75° = 105°$$
よって, △DCEで, 内角と外角 の関係から, $\angle y = 30° + 105° = 135°$
$\qquad$ (2) AB=AC より, △ABCは二等辺 三角形だから, 底角は等しい。
$$\angle ACB = \angle ABC = \angle x$$
$$2\angle x = 124° \qquad \angle x = 62°$$

2 答 (1) 七角形 $\qquad$ (2) 正十二角形
$\qquad$ (3) 60°

考え方 (1) $180° \times (n-2) = 900°$ より,
$\qquad n = 7$
$\qquad$ (2) $30° \times n = 360°$ より, $n = 12$

(3) 六角形の内角の和は，
$$180°×(6-2)=720°$$
である。外角の大きさ70°に対する
内角の大きさは，$180°-70°=110°$ だ
から，内角の和を考えて，
$$720°-(110°+120°+115°+130°$$
$$+125°)=120°$$
よって，$∠x=180°-120°=60°$

完成問題

1 **答** 52°

考え方 二等辺三角形の底角は等しいことから
考える。まず，$AB=AC$ より，
$$∠ABC=∠ACB=32°$$
$$∠BAC=180°-32°×2=116°$$
また，$DB=DE$ より，
$$∠DEB=∠DBE=32°$$
よって，$∠ADE=32°×2=64°$
$DE=EA$ より，$∠DAE=64°$
$$∠CAE=116°-64°=52°$$

2 **答** 135°

考え方 AD の延長とBC の
交点をEとすると，
△ABE で，
　∠AEC
$=25°+80°=105°$
△CDEで，
　$∠x=105°+30°=135°$
または，AとCを結ぶ。△ABC で，
　∠DAC+∠DCA
$=180°-(25°+80°+30°)=45°$
よって，$∠x=180°-45°=135°$
と求めることもできる。

3 **答** 72°

考え方 五角形の内角の和は，
$$180°×(5-2)=540°$$
であるから，
$$∠AED=540°÷5=108°$$
$EA=ED$ より，
$$∠EAD=(180°-108°)÷2=36°$$
同様に，$AB=AE$ より，
$$∠AEB=36°$$
よって，$∠EFD=36°×2=72°$

発展問題

1 **答** (1) 85°　　(2) 45°
(3) $∠x=118°$，$∠y=135°$
(4) 78°

考え方 (1) 直線 n を，点Cを通り $ℓ$ に平行な
直線として考えると，$∠x$ は50°の錯
角と35°の錯角の和になる。
(2) 点Bを通り，$ℓ$ に平行な直線をひ
くと，
$$75°=∠x+30°　　∠x=45°$$
(4) 68°の錯角を考え，三角形の内角
の和から，
$$∠x+34°+68°=180°$$
$$∠x=78°$$

完成問題

1 **答** (1) 37°　　(2) 140°
(3) 67°　　(4) 115°

考え方 (1) $180°-160°=20°$
$$57°=∠x+20°$$
(2) $∠x$ の頂点を通り，$ℓ$ に平行な直
線 n をひく。

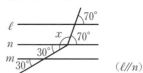

(ℓ∥n)

上の図で，
$$180°-70°=110°$$
$$∠x=110°+30°=140°$$
(3) $76°-33°=43°$
$$∠x=43°+24°=67°$$
(4)

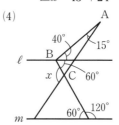

上の図の△ABC で，外角と内角
の関係より，
$$∠x=15°+40°+60°=115°$$

発展問題

1 答　ア…BE　　イ…∠FBE
　　ウ…対頂角　　エ…∠FEB
　　オ…1組の辺とその両端の角

2 答　長方形の内角はすべて90°で等しいか
　　ら，∠BAF＝∠DEF＝90°　　……②
　　対頂角は等しいから，
　　　∠AFB＝∠EFD　　　　　……③
　　三角形の内角の和と②，③より，
　　　∠ABF＝∠EDF　　　　　……④
　　①，②，④より，1組の辺とその両端の角
　　がそれぞれ等しいから，
　　　△FAB≡△FED

考え方　2つの三角形で，2組の角が等しいと
　　き，残りの1組の角も等しくなること
　　を使う。

完成問題

1 答　△BCF と△ACE において，
　　仮定より，CF＝CE　　　　……①
　　△ABC は正三角形なので，
　　　BC＝AC　　　　　　　　……②
　　　∠BCF＝∠BAC　　　　　……③
　　AB∥EC より，平行線の錯角は等しいから，
　　　∠BAC＝∠ACE　　　　　……④
　　③，④より，
　　　∠BCF＝∠ACE　　　　　……⑤
　　①，②，⑤より，2組の辺とその間の角が
　　それぞれ等しいから，
　　　△BCF≡△ACE

考え方　正三角形の3つの角は等しいことと，
　　平行線の錯角は等しいことを使う。

発展問題

1 答　ア…∠ABE　　イ…AF
　　ウ…斜辺と1つの鋭角

2 答　二等辺三角形の底角は等しいから，
　　　∠EBC＝∠DCB　　　　　……②
　　　BCは共通　　　　　　　　……③

①，②，③より，直角三角形で，斜辺
と1つの鋭角がそれぞれ等しいから，
　　△EBC≡△DCB
よって，BE＝CD

考え方　二等辺三角形の底角は等しいことを使
　　う。

完成問題

1 答　△ADE と△DCF において，
　　仮定より，
　　　∠AED＝∠DFC＝90°　　　……①
　　四角形 ABCD は，正方形なので，
　　　AD＝DC　　　　　　　　……②
　　また，∠DAE＝180°－(90°＋∠ADE)
　　　　　　　　　＝90°－∠ADE　　……③
　　　∠CDF＝90°－∠ADE　　　……④
　　③，④より，
　　　∠DAE＝∠CDF　　　　　……⑤
　　①，②，⑤より，直角三角形で，斜辺と1
　　つの鋭角がそれぞれ等しいから，
　　　△ADE≡△DCF

考え方　正方形の1つの角の大きさは90°であ
　　ることと，三角形の内角の和から，⑤
　　を導く。

発展問題

1 答　ア…∠ECB　　イ…CE　　ウ…BC
　　エ…2組の辺とその間の角
　　オ…∠FBC

考え方　2つの角が等しい三角形は，二等辺三
　　角形であることから考える。

2 答　∠DAC＝60°＋∠BAC　　……③
　　　∠BAE＝60°＋∠BAC　　……④
　　③，④より，∠DAC＝∠BAE　……⑤
　　①，②，⑤より，2組の辺とその間の角が
　　それぞれ等しいから，
　　　△ADC≡△ABE

考え方　正三角形の1つの内角は60°であるこ
　　とを使う。

27

1 答 △DECは，△ABCを頂点Cを中心として回転させたものだから，CE＝CB
よって，△CBEは二等辺三角形で，底角は等しいから，

∠CBE＝∠CEB ……①

対頂角は等しいから，

∠CEB＝∠AEF ……②

①，②より，∠CBE＝∠AEF ……③

また，∠DEC＝∠ABC＝∠BCEであるから，錯角が等しいので，ED∥BC
よって，平行線の同位角は等しいから，

∠CBE＝∠DEF ……④

③，④より，

∠AEF＝∠DEF

考え方 二等辺三角形の底角，および対頂角は等しいことから③を，平行線と錯角・同位角の関係から④を導く。

(50 平行四辺形① P.103)

発展問題

1 答 $x=8$，$y=3$，$\angle a=58°$，$\angle b=122°$

考え方 四角形IHCFは平行四辺形であるから，

IF＝HC＝8 cm

IH＝FC＝9－6＝3 (cm)

四角形EBHIも平行四辺形であるから，

∠a＝∠EIH＝∠EBH＝58°

四角形EBCFも平行四辺形であるから，

∠EFC＝∠EBC＝58°より，

∠b＝180°－58°＝122°

2 答 ∠ABN＝∠CDM ……②

また，BC＝ADで，

BN＝$\frac{1}{2}$BC，DM＝$\frac{1}{2}$AD

より，BN＝DM ……③

①，②，③より，2組の辺とその間の角がそれぞれ等しいから，

△ABN≡△CDM

よって，AN＝CM

---

1 答 113°

考え方 BF∥CEより，錯角は等しいので，

∠DFB＝∠DCE＝26°

CF∥BAより，錯角は等しいので，

∠ABF＝∠DFB＝26°

四角形ABCDは平行四辺形であるから，

∠ABC＝∠ADC

＝180°－41°＝139°

よって，

∠FBC＝139°－26°＝113°

2 答 △AEDと△CFBにおいて，平行四辺形の対辺は等しいから，

AD＝CB ……①

DE＝BD－BE

BF＝BD－DF

仮定より，BE＝DFだから，

DE＝BF ……②

AD∥BCより，平行線の錯角は等しいから，

∠ADE＝∠CBF ……③

①，②，③より，2組の辺とその間の角がそれぞれ等しいから，

△AED≡△CFB

(51 平行四辺形② P.105)

発展問題

1 答 ア…NC　　イ…$\frac{1}{2}$CD　　ウ…CN

エ…1組の対辺が平行でその長さが等しい

2 答 ①，②，③より，1組の辺とその両端の角がそれぞれ等しいから，

△APD≡△FPC

よって，AP＝FP ……④

同様にして，△BPCと△EPDにおいて，

CP＝DP，∠BCP＝∠EDP，

∠BPC＝∠EPD

より，△BPC≡△EPD

よって，BP＝EP ……⑤

④，⑤より，対角線がそれぞれの中点で交わるから，四角形ABFEは平行四辺形である。

完成問題

1 答　△AFEと△DCEにおいて，

仮定より，AE＝DE　　　　　……①

BF∥CD より，平行線の錯角は等しいから，

∠FAE＝∠CDE　　　　……②

対頂角は等しいから，

∠AEF＝∠DEC　　　　……③

①，②，③より，1組の辺とその両端の角がそれぞれ等しいから，

△AFE≡△DCE

よって，FE＝CE　　　　　……④

①，④より，対角線がそれぞれの中点で交わるから，四角形ACDFは平行四辺形である。

考え方　△AFE≡△DCE から，AF＝DC をいい，AF∥CD より，1組の対辺が平行でその長さが等しいから，四角形ACDFは平行四辺形である，と証明してもよい。

52　長方形，ひし形，正方形　P.107

発展問題

1 答　(1)　ウ，オ　　(2)　ア，エ

考え方　(1)　AO＝BO のとき，AC＝BD となるから，対角線の長さが等しくなる。

∠A＝∠C だから，

∠A＋∠C＝180°のとき，

∠A＝∠C＝90° となる。

(2)　AB＝BC のとき，4つの辺の長さは等しくなる。

∠AOD＝90° とは，対角線が垂直に交わることと同じである。

2 答　ア…AB　　イ…∠GAB

ウ…AG　　エ…2組の辺とその間の角

オ…∠BFG

完成問題

1 答　△ADEと△CDGにおいて，

四角形ABCD，DEFGは正方形だから，

AD＝CD　　　　　　　　……①

DE＝DG　　　　　　　　……②

∠ADE＝90°＋∠CDE　　……③

∠CDG＝90°＋∠CDE　　……④

③，④より，∠ADE＝∠CDG　……⑤

①，②，⑤より，2組の辺とその間の角がそれぞれ等しいから，△ADE≡△CDG

53　平行線と面積　P.109

発展問題

1 答　(1)　△DBC　　(2)　△DCE

考え方　(2)　△ABE＝△ABC－△BCE

△DCE＝△DBC－△BCE

△ABC＝△DBC より，

△ABE＝△DCE

2 答　(1)　9 cm²　　(2)　6 cm²

考え方　(1)　AD＝BD だから，

△BDC＝$\frac{1}{2}$△ABC

(2)　BE：EC＝1：2 だから，

△DEC＝$\frac{2}{3}$△BDC

3 答　ア…△DBE　　イ…BD

ウ…△DBF

完成問題

1 答　AB∥DF より，CF を底辺とみると，高さが等しいので，

△AFC＝△BCF　　　　　……①

△AEC＝△AFC－△ECF

△BEF＝△BCF－△ECF

よって，①より，△AEC＝△BEF

考え方　2つの三角形から，共通な三角形を除く。

発展問題

1 答 (1) 130° (2) 44°
(3) 52° (4) 9

考え方 (2) ∠ADB＝90°，
∠DAB＝∠x だから，△ABDで，
∠x＋90°＋46°＝180°

(3) 点BとDを結ぶと，
∠ADB＝90°，∠ABD＝∠x
∠x＋90°＋38°＝180°
（点BとCを結び，∠x＋38°＝90°
から求めてもよい。）

(4) ∠BAC＝50°－20°＝30°，
$\overset{\frown}{BE}＝x＋6$ だから，
30：50＝x：（$x＋6$）
30（$x＋6$）＝50x
30x＋180＝50x
－20x＝－180 $x＝9$

完成問題

1 答 (1) 50° (2) 40°
(3) ∠x＝32°，∠y＝16° (4) 38°

考え方 (1) 点Bをふくむ$\overset{\frown}{AQ}$に対する中心角
の大きさは，115°×2＝230°
よって，∠x＝230°－180°＝50°

(2) ∠BOC＝50°×2＝100°
OB＝OC より，
∠x＝（180°－100°）÷2＝40°

(3) ∠BCD＝90° より，
∠x＝∠BDC
＝180°－（90°＋58°）＝32°
AB＝AC より，
∠ABC＝∠ACB
＝（180°－32°）÷2＝74°
∠y＝90°－74°＝16°

(4) 点OとEを結ぶと，
$\overset{\frown}{AE}＝\overset{\frown}{ED}$ より，
∠AOE＝∠EOD
∠AOE＝（180°－28°）÷2＝76°
∠AOE は $\overset{\frown}{AE}$ に対する中心角に
なっているから，
∠x＝76°÷2＝38°

発展問題

1 答 (1) 36° (2) 20°
(3) 100° (4) 34°

考え方 (1) ∠EAD＝42° より，∠x＋42°＝78°

(2) ∠ACB＝150÷2＝75°
∠x＋55°＝75°

(3) 点AとOを結ぶと，OA＝OB より，
∠BAO＝30°
OA＝OC より，∠CAO＝20°
よって，∠BAC＝30°＋20°＝50°
∠x＝50°×2＝100°

(4) 2点A，Dは直線BCの同じ側に
あって，∠BAC＝∠BDC だから，4
点A，B，C，Dは1つの円周上に
ある。
よって，∠CBD＝∠CAD
∠CAD＝85°－51°＝34°
∠x＝34°

完成問題

1 答 (1) 84° (2) 68°
(3) 41° (4) 35°

考え方 (1) △ACEで，
∠ACB＝24°＋36°＝60°
∠CBF＝∠CAD＝24°
△BCFで，∠x＝24°＋60°＝84°

(2) OA＝OC より，∠OAC＝34°
∠x＝34°×2＝68°

(3) ∠BAC＝180°－（36°＋95°）＝49°
∠BAD＝90°，∠CAD＝∠x
より，∠x＝90°－49°＝41°

(4) 2点A，Dは直線BCの同じ側に
あって，∠BAC＝∠BDC だから，4
点A，B，C，Dは1つの円周上にある。
これより，∠ADB＝∠ACB＝40°
△ABDで，
∠x＝180°－（90°＋40°＋15°）
＝35°

発展問題

1 答 ア…∠DCE　　イ…EC
ウ…∠DEC
エ…1組の辺とその両端の角

2 答 （∠C＝）∠E＝60°
2点E，Cは直線ADの同じ側にあって，
∠ACD＝∠AED だから，4点A，D，C，
Eは1つの円周上にある。

考え方 △ABCと△ADEがどちらも正三角形
であることから，どの角も60°になっ
ている。

完成問題

1 答 △BHDと△BEDにおいて，
仮定より，
∠BDH＝∠BDE＝90°　　　……①
BDは共通　　　　　　　　　　……②
∠DBH＝180°－（90°＋∠DHB）
　　　　＝90°－∠DHB　　　……③
∠FAH＝180°－（90°＋∠FHA）
　　　　＝90°－∠FHA　　　……④
対頂角は等しいから，
∠DHB＝∠FHA　　　　　　　……⑤
③，④，⑤より，
∠DBH＝∠FAH　　　　　　　……⑥
$\overset{\frown}{CE}$に対する円周角だから，
∠CBE＝∠CAE
つまり，∠DBE＝∠FAH　　　……⑦
⑥，⑦より，
∠DBH＝∠DBE　　　　　　　……⑧
①，②，⑧より，1組の辺とその両端の角
がそれぞれ等しいから，△BHD≡△BED

考え方 ∠DBH＝∠DBE を示すために，
∠DBH＝∠FAH
∠FAH＝∠DBE
をいう。

発展問題

1 答 ア…2　　イ…3
ウ…AC　　エ…AD
オ…2組の辺の比とその間の角

考え方 対応する辺はABとAE，ACとADで
ある。

2 答 （∠ABD＝）∠AFE　　　　……②
対頂角は等しいから，
∠CFD＝∠AFE　　　　　　……③
②，③より，
∠ABD＝∠CFD　　　　　　……④
①，④より，2組の角がそれぞれ等しいから，
△ABD∽△CFD

考え方 △ABDと△CFD の相似を証明するた
めに，△ABDと△AFEで等しい角を
みつけ，∠CFDと∠AFEが対頂角で
あることに着目して，2つの角が等し
いことを導く。

完成問題

1 答 △APCと△PQRにおいて，
仮定より，
∠ACP＝∠PRQ＝90°　　　……①
∠APC＝180°－（90°＋∠RPQ）
　　　　＝90°－∠RPQ　　　……②
また，△PQRの内角の和から，
∠PQR＝180°－（90°＋∠RPQ）
　　　　＝90°－∠RPQ　　　……③
②，③より，∠APC＝∠PQR　　……④
①，④より，2組の角がそれぞれ等しいから，
△APC∽△PQR

考え方 ∠APQ＝90°であることに着目して，
2つの角が等しいことを導く。

発展問題

1 **答** ア…∠FDB　　イ…∠FBD
　　ウ…2組の角

考え方 半円の弧に対する円周角は90°で，AB
　　は一直線であるから，
　　　　∠ADC＝∠FDB＝90°

2 **答** 対頂角は等しいから，
　　　　∠PRD＝∠FRQ　　……②
　　①，②より，2組の角がそれぞれ等しいから，
　　　　△PDR∽△FQR

考え方 折り返した部分の図形は，もとの図形
　　と合同である。

完成問題

1 **答** 点BとCを結ぶ。
　　△ADCと△AGFにおいて，
　　ABは直径だから，∠ACB＝90°
　　仮定より，∠AED＝90°で，同位角が等し
　　いから，BC∥DF
　　平行線の同位角は等しいから，
　　　　∠ABC＝∠AGF　　……①
　　$\overset{\frown}{AC}$に対する円周角だから，
　　　　∠ABC＝∠ADC　　……②
　　①，②より，
　　　　∠ADC＝∠AGF　　……③
　　$\overset{\frown}{AD}$に対する円周角だから，
　　　　∠ACD＝∠AFG　　……④
　　③，④より，2組の角がそれぞれ等しいから，
　　　　△ADC∽△AGF

考え方 ∠ADC＝∠AGF を導くために，
　　BC∥DF を示す。

発展問題

1 **答** (1)　6 cm　　(2)　$\dfrac{40}{3}$ cm

　　(3)　8 cm

考え方 (1)　△ABCと△ACDにおいて，
　　　　　　∠ABC＝∠ACD
　　　　　　∠Aは共通
　　　　　　したがって，△ABC∽△ACD

　　よって，AB：AC＝AC：AD
　　8：4＝4：AD　　AD＝2 cm
　　BD＝AB－AD＝8－2＝6（cm）

(2)　△ABCと△DBAにおいて，
　　　　AB：DB＝12：9＝4：3
　　　　BC：BA＝16：12＝4：3
　　　　∠Bは共通
　　　よって，△ABC∽△DBA
　　　AC：DA＝4：3より，
　　　AC：10＝4：3　　AC＝$\dfrac{40}{3}$ cm

(3)　△ABEと△DCEにおいて，$\overset{\frown}{BC}$の
　　円周角だから，
　　　　∠BAE＝∠CDE
　　対頂角は等しいから，
　　　　∠AEB＝∠DEC
　　よって，△ABE∽△DCE
　　AB：DC＝AE：DE
　　12：18＝AE：12　　AE＝8 cm

完成問題

1 **答** (1)　6 cm　　(2)　4 cm

考え方 (1)　△DBEと△ACDにおいて，
　　　　　　∠DBE＝∠ACD＝60°　　……①
　　　　　　∠BDE＝180°－(60°＋∠ADC)
　　　　　　　　　＝120°－∠ADC　　……②
　　　また，△ACDの内角の和から，
　　　　　　∠CAD＝180°－(60°＋∠ADC)
　　　　　　　　　＝120°－∠ADC　　……③
　　　②，③より，
　　　　　　∠BDE＝∠CAD　　……④
　　　①，④より，△DBE∽△ACD
　　　DB：AC＝BE：CD
　　　15：25＝BE：(25－15)
　　　これより，BE＝6 cm

(2)　点CとDを結ぶ。
　　　△ABHと△ADCにおいて，
　　　　　∠AHB＝∠ACD＝90°
　　　$\overset{\frown}{AC}$の円周角だから，
　　　　　∠ABH＝∠ADC
　　　よって，△ABH∽△ADC
　　　AH：AC＝AB：AD
　　　AH：8＝5：10　　AH＝4 cm

発展問題

1 答　(1)　$x=10$, $y=10$　　(2)　$\dfrac{64}{5}$〔12.8〕

　　　(3)　①　5 cm　　②　3 cm

　　　　　③　11 cm

考え方　(1)　BC∥DE より，

　　　　　　AD：DB＝AE：EC

　　　　　　x：5＝8：4　　　$x=10$

　　　　　　AE：AC＝DE：BC

　　　　　　8：(8＋4)＝y：15　　　$y=10$

　　　(2)　ℓ∥m∥n より，

　　　　　　15：12＝16：x　　　$x=\dfrac{64}{5}$

　　　(3)　①　四角形 AHCD は 2 組の対辺が

　　　　　　　それぞれ平行だから，平行四辺

　　　　　　　形である。よって，

　　　　　　　　HC＝AD＝8 cm より，

　　　　　　　　BH＝13－8＝5 (cm)

　　　　　②　△ABH で，EG∥BH より，

　　　　　　　　6：(6＋4)＝EG：5

　　　　　　　　EG＝3 cm

　　　　　③　EF＝EG＋GF

　　　　　　　　　＝3＋8＝11 (cm)

完成問題

1 答　10

考え方　AD：AB＝DE：BC

　　　　　(15－x)：15＝4：12

　　　　　12(15－x)＝15×4

　　　　　これを解いて，$x=10$

2 答　$\dfrac{14}{3}$

考え方　5：7＝(8－x)：x

　　　　　$5x=7(8-x)$　　　$x=\dfrac{14}{3}$

3 答　$\dfrac{31}{5}$ cm〔6.2 cm〕

考え方　点 A を通る，DC に平行な直線をひき，

　　　　　PQ，BC との交点をそれぞれ E，F と

　　　　　する。

　　　　　BF＝8－5＝3 (cm) より，

　　　　　△ABF で，

2：(2＋3)＝PE：3

PE＝$\dfrac{6}{5}$ cm

PQ＝PE＋EQ

　　＝$\dfrac{6}{5}$＋5＝$\dfrac{31}{5}$ (cm)

発展問題

1 答　(1)　5 cm　　(2)　8 cm

考え方　(1)　△ABC で，中点連結定理より，

　　　　　　　EG＝$\dfrac{1}{2}$×10＝5 (cm)

　　　(2)　△ACD で，中点連結定理より，

　　　　　　　GF＝$\dfrac{1}{2}$×6＝3 (cm)

　　　　　　　EF＝EG＋GF＝5＋3＝8 (cm)

2 答　点 S，R はそれぞれ DA，CD の中点だ

　　から，

　　　　SR∥AC，SR＝$\dfrac{1}{2}$AC　　　……②

　　①，②より，PQ∥SR，PQ＝SR

　　1 組の対辺が平行でその長さが等しいから，

　　四角形 PQRS は平行四辺形である。

考え方　平行四辺形になるための条件の〝1 組

　　　　　の対辺が平行でその長さが等しい〟を

　　　　　導く。

完成問題

1 答　$\dfrac{15}{2}$ cm〔7.5 cm〕

考え方　△BCD で，中点連結定理より，

　　　　　EF∥DC，CD＝2EF＝10 (cm)

　　　　　△AEF で，EF∥DG より，

　　　　　AD：AE＝DG：EF

　　　　　1：2＝DG：5

　　　　　DG＝$\dfrac{5}{2}$ cm

　　　　　CG＝CD－DG＝10－$\dfrac{5}{2}$＝$\dfrac{15}{2}$ (cm)

2 答　△ABC で，中点連結定理より，

　　　EF＝$\dfrac{1}{2}$AC＝3 (cm)

　　△ABD で，中点連結定理より，

33

$$EG=\frac{1}{2}AD=1\,(\mathrm{cm})$$

よって，GF＝3－1＝2 (cm) から，

AD＝GF   ……①

また，AC∥EF より，

AD∥GF   ……②

①，②より，1組の対辺が平行でその長さが等しいから，四角形AGFDは平行四辺形である。

考え方 △DBCに中点連結定理を適用して，

$$GF=\frac{1}{2}DC=2\,(\mathrm{cm})$$ と求めてもよい。

---

62 相似な図形の面積比,体積比 P.127

発展問題

1 答 (1) 4：1   (2) 21cm²

考え方 (1) △ABCと△ADEにおいて，

AB：AD＝2：1

AC：AE＝2：1

∠BAC＝∠DAE

だから，△ABC∽△ADE

相似比が2：1だから，

面積比は，$2^2：1^2＝4：1$

(2) 四角形DBCEの面積を$x\,\mathrm{cm^2}$とすると，

28：x＝4：(4－1)

$4x=84$ $x=21$

2 答 (1) 4：1   (2) 84cm³

考え方 (1) もとの三角すいと**ア**の三角すいは相似な立体である。相似比が2：1だから，表面積の比は，$2^2：1^2＝4：1$

(2) もとの三角すいの体積を$x\,\mathrm{cm^3}$とすると，**ア**の三角すいの体積が12cm³より，

$x：12＝2^3：1^3$

$x：12＝8：1$ $x=96$

よって，**イ**の体積は，

96－12＝84 (cm³)

完成問題

1 答 8 cm

考え方 大きい正三角形と取り除いた小さい正三角形の面積をそれぞれS，S'とする

と，$S-S'=3S'$ だから，$S=4S'$

よって，2つの図形の面積比は，

4：1＝$2^2：1^2$

これより，相似比は2：1とわかる。求める小さい正三角形の1辺の長さを$x\,\mathrm{cm}$とすると，大きい正三角形の1辺の長さは$2x\,\mathrm{cm}$なので，

56＝$3×2x-x+2×x$

$7x=56$ $x=8$

2 答 $\dfrac{a}{64}\,\mathrm{cm^3}$

考え方 もとの円すいと上の円すいは相似な立体である。相似比が12：3＝4：1だから，体積比は，$4^3：1^3＝64：1$

上の円すいの体積を$x\,\mathrm{cm^3}$とすると，

64：1＝$a：x$

$64x=a$ $x=\dfrac{a}{64}$

---

63 三平方の定理とその応用 P.129

発展問題

1 答 $2\sqrt{14}$

考え方 三平方の定理より，

$x^2+5^2=9^2$ $x^2=81-25$

$x>0$ より，$x=\sqrt{56}=2\sqrt{14}$

2 答 ①，③

考え方 ① $8^2+15^2=17^2$

② $(\sqrt{3})^2+(\sqrt{5})^2<3^2$

③ $(\sqrt{2})^2+(2\sqrt{2})^2=(\sqrt{10})^2$

3 答 (1) 8 cm   (2) 6 cm

考え方 (1) $\sqrt{2}×4\sqrt{2}=8$ (cm)

(2) 対角線の長さを$x\,\mathrm{cm}$とすると，

$x^2=(2\sqrt{3})^2+(2\sqrt{6})^2=36$

$x=\sqrt{36}=6$ (cm)

4 答 $2\sqrt{10}+4$ (cm)

考え方 △ABHに三平方の定理を用いて，

$BH=\sqrt{7^2-3^2}=\sqrt{40}=2\sqrt{10}$ (cm)

△ACHに三平方の定理を用いて，

$CH=\sqrt{5^2-3^2}=4$ (cm)

$BC=BH+CH=2\sqrt{10}+4$ (cm)

完成問題

1 答 $6\sqrt{5}$ cm

考え方 $\sqrt{6^2+12^2}=\sqrt{180}=6\sqrt{5}$ (cm)

2 答 7 cm

考え方 CD＝13 cm，CF＝12 cm，
∠CFD＝90° だから，△CFD に三平方
の定理を用いて，
　　　DF＝$\sqrt{13^2-12^2}=5$ (cm)
　　　ED＝EF－DF＝12－5＝7 (cm)

3 答 $4\sqrt{5}$ cm

考え方 頂点Bから辺 AC にひいた垂線をBH
とすると，△ABH で，
　　　AH＝$\sqrt{3^2-2^2}=\sqrt{5}$ (cm)
△CBH で，
　　　CH＝$\sqrt{7^2-2^2}=\sqrt{45}=3\sqrt{5}$ (cm)
　　　AC＝AH＋CH
　　　　　＝$\sqrt{5}+3\sqrt{5}=4\sqrt{5}$ (cm)

64　三平方の定理の応用①　P.131

発展問題

1 答 (1) $4\sqrt{2}$　　(2) $5\sqrt{3}$

考え方 (1) ∠A＝∠B＝45° より，
　　　$x=\dfrac{8}{\sqrt{2}}=4\sqrt{2}$

(2) ∠B＝60° より，
　　　$x=\dfrac{\sqrt{3}}{2}\times10=5\sqrt{3}$

2 答 高さ…9 cm，面積…$27\sqrt{3}$ cm²

考え方 正三角形の高さと面積の公式より，
高さ…$\dfrac{\sqrt{3}}{2}\times6\sqrt{3}=9$ (cm)

面積…$\dfrac{\sqrt{3}}{4}\times(6\sqrt{3})^2=27\sqrt{3}$ (cm²)

3 答 (1) 6 cm　　(2) $18\sqrt{3}+18$(cm²)

考え方 (1) △ABH で，
　　　AH＝$\dfrac{1}{2}$AB＝$\dfrac{1}{2}\times12=6$ (cm)

(2) △ABH で，
　　　BH＝$\dfrac{\sqrt{3}}{2}\times12=6\sqrt{3}$ (cm)
△ACH で，CH＝AH＝6 (cm)
△ABC の面積＝$\dfrac{1}{2}\times(6\sqrt{3}+6)\times6$
　　　　　　＝$18\sqrt{3}+18$ (cm²)

完成問題

1 答 $24\sqrt{3}$ cm²

考え方 右の図のよう
に，Aから辺
BC に垂線 AH
をひく。

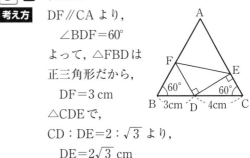

△ABH で，AH＝$\dfrac{\sqrt{3}}{2}\times6=3\sqrt{3}$ (cm)

　　　▱ABCD の面積
　　　＝$8\times3\sqrt{3}=24\sqrt{3}$ (cm²)

2 答 $2\sqrt{2}$ cm

考え方 点OとCを結ぶと，円周角と中心角の
関係より，
　　　∠BOC＝45°×2＝90°
OB＝OC だから，△OBC は直角二等
辺三角形である。
よって，BC＝$\sqrt{2}\times2=2\sqrt{2}$ (cm)

3 答 $\sqrt{21}$ cm

考え方 DF∥CA より，
　　　∠BDF＝60°
よって，△FBD は
正三角形だから，
　　　DF＝3 cm
△CDE で，
CD：DE＝2：$\sqrt{3}$ より，
　　　DE＝$2\sqrt{3}$ cm
△DEF で，∠EDF＝90° だから，
　　　EF²＝$3^2+(2\sqrt{3})^2=21$
　　　EF＝$\sqrt{21}$ (cm)

65　三平方の定理の応用②　P.133

発展問題

1 答 (1) $4\sqrt{6}$ cm　　(2) $\sqrt{13}$ cm

考え方 (1) AB＝$2\sqrt{7^2-5^2}=4\sqrt{6}$ (cm)

(2) CD の中点をMとすると，
　　　△OCM で，∠OMC＝90°，
　　　OC＝7 cm，CM＝6 cm より，
　　　OM＝$\sqrt{7^2-6^2}=\sqrt{13}$ (cm)

2 答 $6\sqrt{5}$ cm

考え方 △APO で，∠OAP＝90° より，
　　　PO＝$\sqrt{12^2+6^2}=6\sqrt{5}$ (cm)

3 答 (1) $\sqrt{13}$　　(2) $\sqrt{41}$

考え方 (1) $\sqrt{(6-4)^2+(5-2)^2}$
$=\sqrt{2^2+3^2}=\sqrt{4+9}=\sqrt{13}$
(2) $\sqrt{(-3-2)^2+(-1-3)^2}$
$=\sqrt{25+16}=\sqrt{41}$

完成問題

1 **答** (1) $4\sqrt{15}$ cm (2) $2\sqrt{14}$ cm

考え方 (1) $2\sqrt{8^2-2^2}=4\sqrt{15}$ (cm)
(2) $\sqrt{9^2-5^2}=2\sqrt{14}$ (cm)

2 **答** $3\sqrt{5}-2$(cm)

考え方 点OとBを結ぶと，$\angle$OBA$=90°$，
AB$=6$ cm，OB$=3$ cm より，
$\triangle$OABで，
$\quad$OA$=\sqrt{6^2+3^2}=3\sqrt{5}$ (cm)
O′A$=2$ cm だから，
$\quad$OO′$=3\sqrt{5}-2$ (cm)

3 **答** (1) $3\sqrt{5}$
(2) $\angle$A$=90°$の直角二等辺三角形

考え方 (1) AB$=\sqrt{(-3-3)^2+(9-6)^2}$
$\qquad =\sqrt{45}=3\sqrt{5}$
(2) OA$^2=3^2+6^2=45$
$\quad$OB$^2=(-3)^2+9^2=90$，AB$^2=45$
$\quad$よって，OB$^2=$OA$^2+$AB^2 より，
$\quad\triangle$OABは $\angle$A$=90°$，
$\quad$また，AB$=$OA

---

66 三平方の定理の応用③　P.135

発展問題

1 **答** $5\sqrt{2}$ cm

考え方 DF$=\sqrt{3^2+5^2+4^2}=\sqrt{50}=5\sqrt{2}$ (cm)

2 **答** 6 cm

考え方 AG$=\sqrt{6^2+6^2+3^2}=\sqrt{81}=9$ (cm)
AP：PG$=2$：1 より，AP：AG$=2$：3
$\quad$AP$=\dfrac{9\times2}{3}=6$ (cm)

3 **答** (1) $3\sqrt{7}$ cm (2) $36\sqrt{7}$ cm^3

考え方 (1) AH$=\dfrac{1}{\sqrt{2}}$ AB$=3\sqrt{2}$ (cm)
$\qquad \triangle$OAHで，
$\qquad$OH$^2=9^2-(3\sqrt{2})^2=63$
$\qquad$OH$=\sqrt{63}=3\sqrt{7}$ (cm)
(2) $\dfrac{1}{3}\times6^2\times3\sqrt{7}=36\sqrt{7}$ (cm^3)

完成問題

1 **答** $\dfrac{27\sqrt{3}}{4}$ cm

考え方 BH$=\sqrt{3}\times9=9\sqrt{3}$ (cm)
BP：PH$=3$：1 より，BP：BH$=3$：4
$\quad$BP$=\dfrac{9\sqrt{3}\times3}{4}=\dfrac{27\sqrt{3}}{4}$ (cm)

2 **答** 7 cm

考え方 Oから底面にひいた垂線をOHとすると，$\triangle$OAHで AH$=4\sqrt{2}$ cm より，
$\quad$OH$^2=9^2-(4\sqrt{2})^2=49$
$\quad$OH$=7$ (cm)

3 **答** $\dfrac{32\sqrt{2}}{3}$ cm^3

考え方 展開図を組み立てると，次の図のような四角すいができる。 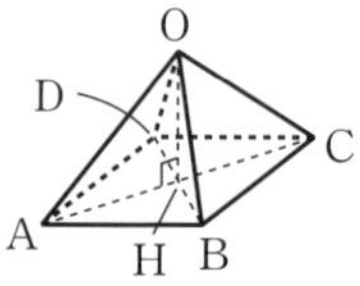
OA$=4$ cm,
AH$=2\sqrt{2}$ cm
だから，
$\quad$OH$^2=4^2-(2\sqrt{2})^2=8$
$\quad$OH$=2\sqrt{2}$ (cm)
よって，求める体積は，
$\quad\dfrac{1}{3}\times4^2\times2\sqrt{2}=\dfrac{32\sqrt{2}}{3}$ (cm^3)

---

67 三平方の定理の応用④　P.137

発展問題

1 **答** $18\sqrt{2}\,\pi$ cm^3

考え方 円すいの高さは，
$\quad\sqrt{9^2-3^2}=\sqrt{72}=6\sqrt{2}$ (cm)
よって，求める体積は，
$\quad\dfrac{1}{3}\pi\times3^2\times6\sqrt{2}=18\sqrt{2}\,\pi$ (cm^3)

2 **答** $36\sqrt{5}\,\pi$ cm^3

考え方 1回転してできる立体は，底面の半径が 6 cm，高さが $\sqrt{9^2-6^2}=3\sqrt{5}$ (cm) の円すいであるから，その体積は，
$\quad\dfrac{1}{3}\pi\times6^2\times3\sqrt{5}=36\sqrt{5}\,\pi$ (cm^3)

3 **答** (1) 5 cm (2) $\dfrac{25\sqrt{119}}{3}\pi$ cm^3

考え方 (1) 底面の円の半径を r cmとすると，底面の円周の長さは，おうぎ形の弧

36

の長さに等しいから，

$$2\pi r = 2\pi \times 12 \times \frac{150}{360} \text{ より, } r = 5$$

(2) 円すいの高さは，

$$\sqrt{12^2 - 5^2} = \sqrt{119} \text{ (cm)}$$

よって，求める体積は，

$$\frac{1}{3}\pi \times 5^2 \times \sqrt{119} = \frac{25\sqrt{119}}{3}\pi \text{ (cm}^3)$$

完成問題

1 答　$128\pi \text{ cm}^3$

考え方　円すいの高さは，

$$\sqrt{10^2 - 8^2} = \sqrt{36} = 6 \text{ (cm)}$$

よって，求める体積は，

$$\frac{1}{3}\pi \times 8^2 \times 6 = 128\pi \text{ (cm}^3)$$

2 答　$\dfrac{80}{3}\pi \text{ cm}^3$

考え方　1回転してできる立体は，底面の円の半径が，$\sqrt{6^2 - 4^2} = 2\sqrt{5}$ (cm)
で，高さが4cmの円すいであるから，その体積は，

$$\frac{1}{3}\pi \times (2\sqrt{5})^2 \times 4 = \frac{80}{3}\pi \text{ (cm}^3)$$

3 答　$12\pi \text{ cm}^3$

考え方　側面のおうぎ形の半径を r cmとすると，

$$2\pi \times 3 = 2\pi r \times \frac{216}{360} \text{ より, } r = 5$$

円すいの高さは，$\sqrt{5^2 - 3^2} = 4$ (cm)
よって，求める体積は，

$$\frac{1}{3}\pi \times 3^2 \times 4 = 12\pi \text{ (cm}^3)$$

68　三平方の定理の応用⑤　P.139

発展問題

1 答　$200\sqrt{2} + 100 (\text{cm}^2)$

考え方　右の図の△OABで，

$$\begin{aligned}OM &= \sqrt{15^2 - 5^2}\\ &= 10\sqrt{2} \text{ (cm)}\end{aligned}$$

よって，側面積は，

$$\frac{1}{2} \times 10 \times 10\sqrt{2} \times 4$$
$$= 200\sqrt{2} \text{ (cm}^2)$$

底面積は，$10^2 = 100$ (cm²)

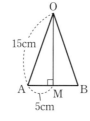

2 答　(1)　$3\sqrt{10}\text{ cm}$　　(2)　$36\sqrt{10} + 36 (\text{cm}^2)$

考え方　(1)　$HM = \dfrac{1}{2}AB = 3$ (cm)であるから，

$$OM = \sqrt{3^2 + 9^2} = 3\sqrt{10} \text{ (cm)}$$

(2)　$\dfrac{1}{2} \times 6 \times 3\sqrt{10} \times 4 + 6^2$

$$= 36\sqrt{10} + 36 \text{ (cm}^2)$$

3 答　$24\pi \text{ cm}^2$

考え方　側面を展開したときのおうぎ形の中心角を $a°$ とすると，

$$2\pi \times 6 \times \frac{a}{360} = 2\pi \times 4$$

$$a = 240$$

側面積は，

$$\pi \times 6^2 \times \frac{240}{360} = 24\pi \text{ (cm}^2)$$

完成問題

1 答　$4\sqrt{3} + 4 (\text{cm}^2)$

考え方　1辺が2cmの正三角形の面積は，

$$\frac{\sqrt{3}}{4} \times 2^2 = \sqrt{3} \text{ (cm}^2)$$

であるから，側面積は，
$$\sqrt{3} \times 4 = 4\sqrt{3} \text{ (cm}^2)$$
底面積は，$2^2 = 4$ (cm²)

2 答　360 cm^2

考え方　正四角すいの頂点から，側面の二等辺三角形の底辺にひいた垂線の長さは，
12cmと5cm$\left(\text{底面の正方形の1辺の長さの}\dfrac{1}{2}\right)$を辺にもつ直角三角形の斜辺の長さだから，$\sqrt{12^2 + 5^2} = 13$ (cm)
よって，求める表面積は，

$$\frac{1}{2} \times 10 \times 13 \times 4 + 10^2 = 360 \text{ (cm}^2)$$

3 答　$65\pi \text{ cm}^2$

考え方　母線の長さは，$\sqrt{12^2 + 5^2} = 13$ (cm)
側面を展開したときのおうぎ形の中心角を $a°$ とすると，$2\pi \times 13 \times \dfrac{a}{360} = 2\pi \times 5$

より，$\dfrac{a}{360} = \dfrac{5}{13}$

よって，求める側面積は，

$$\pi \times 13^2 \times \frac{5}{13} = 65\pi \text{ (cm}^2)$$

発展問題

1 **答** (1) ① $\dfrac{1}{3}$　② $\dfrac{7}{9}$

(2) ① $\dfrac{3}{13}$　② $\dfrac{1}{4}$

考え方 (1) 3＋4＋2＝9（個）の玉から1個取り
出すから，取り出し方は全部で9通
りある。

① 赤玉を取り出す場合は3通り
あるから，求める確率は，
$$\dfrac{3}{9}=\dfrac{1}{3}$$

② 赤玉か白玉を取り出す場合は
7通りあるから，求める確率は，
$$\dfrac{7}{9}$$

(2) ① 絵札はJ，Q，Kで全部で12
枚あるから，求める確率は，
$$\dfrac{12}{52}=\dfrac{3}{13}$$

② スペードのカードは全部で13
枚あるから，求める確率は，
$$\dfrac{13}{52}=\dfrac{1}{4}$$

2 **答** (1) **8通り**　(2) $\dfrac{1}{8}$　(3) $\dfrac{3}{8}$

考え方 (1)

1回目	2回目	3回目

完成問題

1 **答** $\dfrac{2}{5}$

考え方 それぞれの色の玉の出る確率は，
赤…$\dfrac{4}{15}$，白…$\dfrac{5}{15}$，青…$\dfrac{6}{15}$

2 **答** $\dfrac{11}{26}$

考え方 ダイヤの札は13枚，絵札は12枚ある。
このうち，ダイヤの絵札が3枚あるか

ら，ダイヤの札または絵札は，
$$13＋12－3＝22（枚）$$
ある。よって，求める確率は，
$$\dfrac{22}{52}=\dfrac{11}{26}$$

3 **答** $\dfrac{3}{10}$

考え方 3の倍数は，3，6，9，12，15，18の
6個あるから，求める確率は，
$$\dfrac{6}{20}=\dfrac{3}{10}$$

4 **答** $\dfrac{5}{8}$

考え方 100円以下になるのは，
（10円，50円，100円）が
（表，表，裏），（表，裏，裏），
（裏，表，裏），（裏，表，表），
（裏，裏，裏）
となる場合である。

よって，求める確率は，$\dfrac{5}{8}$

発展問題

1 **答** (1) $\dfrac{1}{2}$　(2) $\dfrac{3}{4}$

考え方 できる2けたの整数は，
22，23，24，25，32，33，34，35，42，
43，44，45，52，53，54，55の全部で
16通りある。

(1) 奇数は，23，25，33，35，43，45，
53，55の8通りある。

よって，求める確率は，$\dfrac{8}{16}=\dfrac{1}{2}$

(2) 32以上となるのは，32，33，34，
35，42，43，44，45，52，53，54，
55の12通りある。

よって，求める確率は，$\dfrac{12}{16}=\dfrac{3}{4}$

2 **答** (1) $\dfrac{1}{9}$　(2) $\dfrac{5}{18}$　(3) $\dfrac{5}{36}$

考え方 目の出かたは，全部で36通りある。
大小2つのさいころの出る目をそれぞ
れa，bとして，$(a,\ b)$と表す。

(1) 2つの目の和が9になるのは，
(3, 6)，(4, 5)，(5, 4)，(6, 3)
の4通りある。

よって，求める確率は，$\dfrac{4}{36}=\dfrac{1}{9}$

(2) 2つの目の和が5以下になるのは，
(1, 1)，(1, 2)，(1, 3)，(1, 4)，
(2, 1)，(2, 2)，(2, 3)，(3, 1)，
(3, 2)，(4, 1)の10通りある。

よって，求める確率は，$\dfrac{10}{36}=\dfrac{5}{18}$

(3) 2つの目の積が8の倍数になるのは，
積が8…(2, 4)，(4, 2)
積が16…(4, 4)
積が24…(4, 6)，(6, 4)
の5通りある。

よって，求める確率は，$\dfrac{5}{36}$

完成問題

1 答 (1) **25通り**　(2) $\dfrac{2}{5}$

考え方 (1) 11，12，13，14，15，
21，22，23，24，25，
31，32，33，34，35，
41，42，43，44，45，
51，52，53，54，55

(2) 偶数は10通りあるから，求める確率は，
$$\dfrac{10}{25}=\dfrac{2}{5}$$

2 答 (1) $\dfrac{1}{12}$　(2) $\dfrac{1}{4}$　(3) $\dfrac{1}{4}$

考え方 大小2つのさいころの出る目をそれぞれ a，b として，(a, b) と表す。

(1) 目の数の和が11以上になるのは，
(5, 6)，(6, 5)，(6, 6)
の3通りあるから，求める確率は，
$$\dfrac{3}{36}=\dfrac{1}{12}$$

(2) 目の数の和が4の倍数になるのは，
和が4…(1, 3)，(2, 2)，(3, 1)
和が8…(2, 6)，(3, 5)，(4, 4)，
　　　(5, 3)，(6, 2)
和が12…(6, 6)

の9通りあるから，求める確率は，
$$\dfrac{9}{36}=\dfrac{1}{4}$$

(3) 目の数の積が奇数になるのは，
(奇数)×(奇数)の場合だけである。
目の数が大小とも奇数になるのは，
(1, 1)，(1, 3)，(1, 5)，
(3, 1)，(3, 3)，(3, 5)，
(5, 1)，(5, 3)，(5, 5)
の9通りあるから，求める確率は，
$$\dfrac{9}{36}=\dfrac{1}{4}$$

71　確率③　　P.145

発展問題

1 答 (1) $\dfrac{2}{3}$　(2) $\dfrac{1}{4}$

考え方 できる2けたの整数は，34，35，36，
43，45，46，53，54，56，63，64，65

(1) 43より大きいとは，43はふくまないから，8通りある。

よって，求める確率は，$\dfrac{8}{12}=\dfrac{2}{3}$

(2) 4の倍数になるのは，
36，56，64の3通りある。

よって，求める確率は，$\dfrac{3}{12}=\dfrac{1}{4}$

2 答 (1) **12通り**　(2) $\dfrac{2}{3}$

考え方 (1) 当たりくじを①，②，はずれくじを3，4とし，1回目―2回目とすると，

(2) 1本は当たり，1本ははずれとなるのは，8通りあるから，求める確率は，
$$\dfrac{8}{12}=\dfrac{2}{3}$$

1 答 $\dfrac{2}{3}$

考え方 カードの並べ方は全部で12通りある。
2枚のカードの数の和が奇数となるのは，
$\boxed{1}\boxed{2}$，$\boxed{1}\boxed{4}$，$\boxed{2}\boxed{1}$，$\boxed{2}\boxed{3}$，$\boxed{3}\boxed{2}$，$\boxed{3}\boxed{4}$，
$\boxed{4}\boxed{1}$，$\boxed{4}\boxed{3}$
の8通りある。

2 答 (1) **12通り** (2) $\dfrac{1}{3}$

考え方 (1)
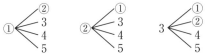

(2) 2枚のカードが色も数字も異なる
のは，

$\boxed{1}\boxed{2}$，$\boxed{2}\boxed{1}$，$\boxed{1}\boxed{2}$，$\boxed{2}\boxed{1}$
の4通りある。

よって，求める確率は，$\dfrac{4}{12}=\dfrac{1}{3}$

3 答 $\dfrac{1}{10}$

考え方 当たりくじを①，②，はずれくじを3，
4，5とし，A—Bとすると，くじの
ひき方は，

①<②3 4 5   ②<①3 4 5   3<①②4 5

4<①②3 5   5<①②3 4

2人とも当たりくじとなるのは，2通
りあるから，求める確率は，
$\dfrac{2}{20}=\dfrac{1}{10}$

発展問題

1 答 (1) $\dfrac{3}{10}$ (2) $\dfrac{3}{5}$

考え方 2人の当番の組み合わせは，

A<B C D E   B<C D E

C<D E   D—E

(1) 3年生2人が当番となるのは，
A—B，A—C，B—Cの3通りある。
(2) 3年生1人，2年生1人が当番と
なるのは，A—D，A—E，B—D，
B—E，C—D，C—Eの6通りある。

2 答 (1) **15通り** (2) $\dfrac{1}{5}$

考え方 (1) 2つの数字の組み合わせは，

1<2 3 4 5 6   2<3 4 5 6

3<4 5 6   4<5 6   5—6

(2) 数の和が7になるのは，
1—6，2—5，3—4
の3通りある。

よって，求める確率は，$\dfrac{3}{15}=\dfrac{1}{5}$

完成問題

1 答 $\dfrac{2}{5}$

考え方 2人の組み合わせは全部で10通りある。
2人の中にAがふくまれるのは4通り
あるから，求める確率は，
$\dfrac{4}{10}=\dfrac{2}{5}$

2 答 $\dfrac{3}{5}$

考え方 3枚のカードの組み合わせは，

1—2<3 4 5   2—3<4 5

$$1\!-\!3\!\!<\!\!\genfrac{}{}{0pt}{}{4}{5} \qquad 2\!-\!4\!-\!5$$

$$1\!-\!4\!-\!5 \qquad\qquad 3\!-\!4\!-\!5$$

の10通りある。

数の和が偶数になるのは，

$1\!-\!2\!-\!3$，$1\!-\!2\!-\!5$，

$1\!-\!3\!-\!4$，$1\!-\!4\!-\!5$，

$2\!-\!3\!-\!5$，$3\!-\!4\!-\!5$

の6通りあるから，求める確率は，

$$\dfrac{6}{10}=\dfrac{3}{5}$$

3 答 $\dfrac{2}{5}$

考え方 5枚から1枚ひいたカードはもどさないから，5枚から2枚をひいて，カードに書かれた数の積を考えると，たとえば，$-5\times(-3)$ と $-3\times(-5)$ は同じことを表すから，組み合わせは，全部で10通りある。

2つの数の積が，正の数になる組み合わせは，

-5と-3，-5と-1，

-3と-1，2と6

の4通りあるから，求める確率は，

$$\dfrac{4}{10}=\dfrac{2}{5}$$

---

73 データの整理と活用① P.149

発展問題

1 答 (1) ⑦，A組が勝つ。　　(2) ③

考え方 ⑦の度数分布表で，A組とB組で記録のよいほうからそれぞれ4人ずつ選んだとき，もっとも速い6.5秒以上7.0秒未満の階級には，A組の上位2人だけがふくまれるから，A組のほうが有利であると考えられる。

④や⑨のような階級の幅が大きな度数分布表では，広い範囲に度数が大きく固まっているだけで，くわしく傾向を読み取ることは難しい。

完成問題

1 答 (1) 4.7回　　(2) 5回

考え方 (1) 20人の懸垂の回数の合計は，

$0\times1+1\times2+2\times1+3\times3+4\times3$
$+5\times5+7\times1+8\times2+10\times2=93$

よって，平均値は，$\dfrac{93}{20}=4.65$（回）

小数第2位を四捨五入して，4.7回。

---

74 データの整理と活用② P.151

発展問題

1 答

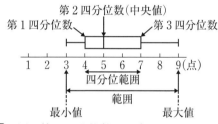

考え方 箱ひげ図は，下のようなしくみになっている。

2 答 (1) 第1四分位数…6時間，
　　　　　　第2四分位数…12時間，
　　　　　　第3四分位数…21時間

(2) 15時間

考え方 (1) 第1四分位数は前半部分の中央値，第2四分位数は全体の中央値，第3四分位数は後半部分の中央値である。

(2) 四分位範囲＝第3四分位数－第1四分位数である。

よって，21－6＝15（時間）

3 答 およそ190匹

考え方 水そうの中にいるメダカ全体を母集団，2度目にすくい取ったメダカを標本とする。メダカの数全体に対する印のついたメダカの数の割合が，母集団と標本において等しいと考えられる。水そうの中のメダカの数をx匹とすると，

$24:x=4:31$

$x\times4=24\times31$　　$x=186$

一の位を四捨五入して，およそ190匹。

完成問題

1 **答** (1) **全数調査** (2) **標本調査**

考え方 (1) 1匹でもオスが入っていてはならないので，全数調査が必要である。

(2) オスとメスの数の割合は，一部分を調べれば推定できる。また，全部のサケを調べることは困難である。

2 **答** およそ80個

考え方 袋の中の玉全体を母集団，取り出した玉を標本とする。玉の数全体に対する赤玉の数の割合が，母集団と標本において等しいと考えられる。袋の中の赤玉の数をx個とすると，

$$x : 210 = 6 : 15$$
$$x \times 15 = 210 \times 6 \qquad x = 84$$

一の位を四捨五入して，およそ80個。

3 **答** およそ120粒

考え方 袋の中の白ゴマの数をx粒とすると，袋の中に黒ゴマを30粒入れたので，黒ゴマと白ゴマの数の割合は，

$$30 : x$$

取り出された20粒のうち，黒ゴマは4粒，白ゴマは$20-4=16$(粒)なので，

$$30 : x = 4 : 16$$
$$x \times 4 = 30 \times 16 \qquad x = 120$$

または，次のように比例式をつくってもよい。

袋の中の白ゴマの数をx粒とすると，袋の中に黒ゴマを30粒入れたので，黒ゴマとゴマ全体の数の割合は，

$$30 : x+30$$

取り出された20粒のうち，黒ゴマは4粒なので，

$$30 : x+30 = 4 : 20$$
$$(x+30) \times 4 = 30 \times 20 \qquad x = 120$$

1 **答** (1) -5 (2) $\dfrac{5}{4}$

(3) $7x-5y+2$

(4) $-2y$

(5) $\sqrt{3}$

(6) $-13x+10$

考え方 (2) $\left(-\dfrac{5}{6}\right) \div \left(-\dfrac{2}{3}\right)$

$$= \left(-\dfrac{5}{6}\right) \times \left(-\dfrac{3}{2}\right) = \dfrac{5}{4}$$

(3) $2(3x-y+1)+(x-3y)$
$$=6x-2y+2+x-3y$$
$$=6x+x-2y-3y+2$$
$$-7x-5y+2$$

(4) $12xy^2 \div 3y \div (-2x)$
$$= -\dfrac{12xy^2}{3y \times 2x} = -2y$$

(5) $(\sqrt{3}+1)(\sqrt{3}-3)+\dfrac{9}{\sqrt{3}}$
$$=3-3\sqrt{3}+\sqrt{3}-3+\dfrac{9 \times \sqrt{3}}{\sqrt{3} \times \sqrt{3}}$$
$$=-2\sqrt{3}+\dfrac{9\sqrt{3}}{3}$$
$$=-2\sqrt{3}+3\sqrt{3}=\sqrt{3}$$

(6) $(x-4)^2-(x+2)(x+3)$
$$=x^2-8x+16-(x^2+5x+6)$$
$$=x^2-8x+16-x^2-5x-6$$
$$=-13x+10$$

2 **答** (1) $(3x+7)(3x-7)$

(2) $8\sqrt{6}$ (3) -4

(4) $a=-6$

考え方 (2) $a^2-b^2=(a+b)(a-b)$
$$=(2+\sqrt{6}+2-\sqrt{6})(2+\sqrt{6}-2+\sqrt{6})$$
$$=4 \times 2\sqrt{6}=8\sqrt{6}$$

(3) $x=1$ のとき $y=-1$，$x=3$ のとき $y=-9$ だから，変化の割合は，

$$\dfrac{-9-(-1)}{3-1}=\dfrac{-8}{2}=-4$$

(4) $y=\dfrac{a}{x}$ より，$a=xy$

これに，$x=-3$，$y=2$ を代入すると，
$$a=-6$$

3 答 $y=4x$

考え方 玉の重さ y g は，個数 x 個に比例する
から，$y=ax$ とおける。

$20=a\times5$　　$a=4$

4 答 $a=-8$，$b=16$

考え方 $x=4$ の1つだけが解になる2次方程
式は，$(x-4)^2=0$ となる。
$(x-4)^2=x^2-8x+16=0$ であるから，
$x^2+ax+b=0$ と比べる。

5 答 $74°$

考え方 OD∥BC より，平行線の錯角は等し
いから，
$\angle OCB=\angle COD=32°$
点OとBを結ぶと，△OBC は OB＝OC
の二等辺三角形だから，
$\angle OBC=\angle OCB=32°$
よって，$\angle BOC=180°-32°\times2=116°$
$\angle BOD=116°+32°=148°$
$\overset{\frown}{BCD}$ に対する円周角と中心角の関係
から，
$\angle BAD=148°\div2=74°$

6 答 下の図の点C

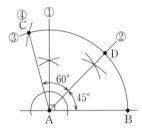

考え方 $105°=45°+60°$ に着目し，まず，$90°$ の
角の作図を，次に，$45°$，$60°$ の角の作
図を考える。

① 点Aを通り，ABに垂直な直線を
ひく（$\angle A=90°$）。

② $\angle A$ の二等分線をひく。

③ 点Aを中心として，ABを半径と
する円をかく。

④ ②と③との交点（Dとする）を中心
とした半径ABの円と③との交点が，
点Cになる（△CAD は正三角形）。

答えの図は，線分ABの上側に作図し

た が，線分ABの下側に作図してもよ
い。

7 答 $a=3$，11，15

考え方
$124-8a=4(31-2a)$
$\qquad\qquad\quad=2^2\times(31-2a)$（$a$ は自然数）
よって，$31-2a=m^2$（m は整数）
$m=0$，1，2，$\cdots$ を代入して，
$31-2a\geqq0$ をみたす自然数 a を求める。
$m=0$ のとき，$31-2a=0$
$\qquad\qquad\qquad\qquad a=\dfrac{31}{2}\cdots\times$
$m=1$ のとき，$31-2a=1$
$\qquad\qquad\qquad\qquad a=15\cdots\bigcirc$
$m=2$ のとき，$31-2a=4$
$\qquad\qquad\qquad\qquad a=\dfrac{27}{2}\cdots\times$
$m=3$ のとき，$31-2a=9$
$\qquad\qquad\qquad\qquad a=11\cdots\bigcirc$
$m=4$ のとき，$31-2a=16$
$\qquad\qquad\qquad\qquad a=\dfrac{15}{2}\cdots\times$
$m=5$ のとき，$31-2a=25$
$\qquad\qquad\qquad\qquad a=3\cdots\bigcirc$
$m=6$ のとき，$31-2a=36$
$\qquad\qquad\qquad\qquad a=-\dfrac{5}{2}\cdots\times$

$m\geqq6$ のとき，a は負の数となる。

8 答 (1) $a=2$，$b=\dfrac{4}{3}$，C$(-3,\ 12)$

(2) $y=3x+15$

考え方 (1) A$(3,\ 18)$ は $y=ax^2$ のグラフ上の
点だから，$18=a\times3^2=9a$ より，
$a=2$
また，B$(-3,\ 18)$ となり，AB＝6
となる。四角形ABCD は正方形だか
ら，
AB＝BC＝6
よって，C$(-3,\ 12)$
C は $y=bx^2$ のグラフ上の点だから，
$12=b\times(-3)^2=9b$ より，
$b=\dfrac{4}{3}$

(2) 正方形ABCDの対称の中心は、対角線AC, BDの交点で、ACの中点であるから、

$$\left(\frac{3+(-3)}{2}, \frac{18+12}{2}\right) = (0, 15) \text{ となる。}$$

よって、2点(0, 15)と(1, 18)を通る直線の式を求めればよい。

9 答 $700\,\text{cm}^3$

考え方 容器全体の形と水の入った部分の形は、相似な図形になっていて、その相似比は、

$$20:10 = 2:1$$

これより体積比は、

$$2^3 : 1^3 = 8 : 1$$

今、入っている水の体積は$100\,\text{cm}^3$だから、容器全体の容積を$x\,\text{cm}^3$とすると、

$$x:100 = 8:1 \qquad x = 800$$

よって、水の入っていない部分の容器の容積は、

$$800 - 100 = 700\,(\text{cm}^3)$$

10 答 $\dfrac{8}{5}\,\text{cm}$

考え方 線分EGをふくむ△FGEに着目する。
AB∥FG より、同位角が等しいから、
△ABE∽△FGE である。

$$BE:GE = AE:FE \cdots ①$$

次に、AE:FE を求めるために、△ADF と△EBF に着目する。
AD∥BC より、錯角が等しいから、
△ADF∽△EBF である。

$$AF:EF = AD:EB = 6:4 = 3:2$$

よって、AE:EF = 5:2
GE = x cm とすると、①より、

$$4:x = 5:2 \qquad x = \frac{8}{5}$$

11 答 △ABGと△DBEにおいて、
仮定より、BA = BD ……①
$\overset{\frown}{BE}$ に対する円周角は等しいから、
　∠BAG = ∠BDE ……②
$\overset{\frown}{DAB}$ に対する円周角は等しいから、
　∠DEB = ∠DCB ……③

DC∥AE から、平行線の同位角は等しいから、
　∠DCB = ∠AGB ……④
③、④より、
　∠AGB = ∠DEB ……⑤
②、⑤と三角形の内角の和の関係より、残りの角は等しくなるから、
　∠ABG = ∠DBE ……⑥
①、②、⑥より、1組の辺とその両端の角がそれぞれ等しいから、
　△ABG≡△DBE

考え方 2つの三角形で、2組の角が等しければ、残りの1組の角も等しくなることを使う。

1 答 (1) -3　(2) $\dfrac{3}{2}$　(3) $2a+11b$

(4) $5\sqrt{2}$　(5) $3a^2+4a+10$

考え方 (2) $2+(-3)\times\dfrac{1}{6}$

$$=2-\dfrac{1}{2}=\dfrac{3}{2}$$

(3) $(4a+5b)-2(a-3b)$
$$=4a-2a+5b+6b$$
$$=2a+11b$$

(4) $\sqrt{8}+\dfrac{6}{\sqrt{2}}$
$$=2\sqrt{2}+\dfrac{6\times\sqrt{2}}{\sqrt{2}\times\sqrt{2}}=2\sqrt{2}+\dfrac{6\sqrt{2}}{2}$$
$$=2\sqrt{2}+3\sqrt{2}=5\sqrt{2}$$

(5) $(2a+1)^2-(a+3)(a-3)$
$$=4a^2+4a+1-(a^2-9)$$
$$=4a^2+4a+1-a^2+9$$
$$=3a^2+4a+10$$

2 答 (1) $(a-7)(a+4)$　(2) 6

(3) $x=\dfrac{3\pm\sqrt{17}}{4}$　(4) $0\leqq y\leqq 27$

考え方 (2) $(a-3)(a-8)-a(a+10)$
$$=a^2-11a+24-a^2-10a$$
$$=-21a+24$$

これに，$a=\dfrac{6}{7}$ を代入すると，
$$-21a+24=-21\times\dfrac{6}{7}+24$$
$$=-18+24=6$$

(3) $x=\dfrac{-(-3)\pm\sqrt{(-3)^2-4\times 2\times(-1)}}{2\times 2}$
$$=\dfrac{3\pm\sqrt{9+8}}{4}=\dfrac{3\pm\sqrt{17}}{4}$$

(4) x の変域に 0 をふくむから，
$x=0$ のとき $y=0$
$x=-3$ のとき $y=27$

3 答 $y=\dfrac{6}{x}$

考え方 全体の燃料の量は一定だから，時間 y は，1時間に使う燃料の量 x L に反比例する。

$12=\dfrac{a}{0.5}$　　$a=6$

4 答 $a=3$, $b=-5$

考え方 $x=4$，$y=b$ を連立方程式に代入して，
$$\begin{cases} 4a+b=7 & \cdots\cdots① \\ 4-b=9 & \cdots\cdots② \end{cases}$$
①，②を解く。

5 答 $32°$

考え方 右の図のように，円Oの周上の点を，A，B，C，D，Eとすると，BE は円Oの直径だから，

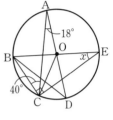

$$\angle BCE=90°$$
$$\angle ACE=90°-40°=50°$$

点OとCを結ぶと，$\triangle OAC$，$\triangle OCE$ は二等辺三角形だから，

$$\angle ACE=\angle ACO+\angle ECO$$
$$=\angle CAO+\angle CEO$$
$$=18°+\angle x$$

よって，$50°=18°+\angle x$
$$\angle x=32°$$

6 答 下の図の点P

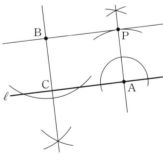

考え方 次の手順でかく。

点Aを通る ℓ の垂線をひく。

点Bを通る ℓ の垂線をひき，ℓ との交点をCとする。

点Aを中心に半径CBの円をかき，点Aを通る ℓ の垂線との交点のうち，ℓ に対してBと同じ側にある点をPとする。

点B，Pを通る直線をひく。

7 答 **12, 27**

考え方 $\sqrt{3n}$ は自然数であるから,

$\sqrt{5^2}<\sqrt{3n}<\sqrt{10^2}$ より $3n=6^2,\ 7^2,\ 8^2,$
9^2 のいずれかである。

$3n=36$ のとき,$n=12$

$3n=49$ をみたす自然数 n はない。

$3n=64$ をみたす自然数 n はない。

$3n=81$ のとき,$n=27$

8 答 △ABC と △FED において,

$\overparen{AB}$ に対する円周角は等しいから,

$\angle ACB=\angle ADB$

対頂角は等しいから,

$\angle ADB=\angle FDE$

よって,$\angle ACB=\angle FDE$ ……①

$\overparen{BC}$ に対する円周角は等しいから,

$\angle BAC=\angle BDC$

CD∥EF より,平行線の同位角は等しいから,

$\angle BDC=\angle EFD$

よって,$\angle BAC=\angle EFD$ ……②

①,②より,2組の角がそれぞれ等しいから,

△ABC∽△FED

考え方 円周角の定理と,対頂角,および平行線の同位角は等しいことを使う。

9 答 $9\sqrt{2}$ cm³

考え方 頂点 A から底面 BCDE に垂線をひくと,BD と CE の交点 H を通る。

底面 BCDE は 1 辺 6 cm の正方形だから,BD$=6\sqrt{2}$ cm より,

BH$=3\sqrt{2}$ cm

右の図より,

AH²$=6^2-(3\sqrt{2}\,)^2$
　　$=18$

AH$=3\sqrt{2}$ (cm)

MC$=3$ cm より,三角すい ACDM は,底面を △CDM とすると,高さは AH であるから,体積は,

$\dfrac{1}{3}\times\left(\dfrac{1}{2}\times3\times6\right)\times3\sqrt{2}=9\sqrt{2}$ (cm³)

10 答 $a=\dfrac{1}{3}$

考え方 C$(t,\ 0)$ とおくと,A$(t,\ t^2)$,B$(t,\ at^2)$

よって,AB$=t^2-at^2$,BC$=at^2$

AB$=2$BC より,$t^2-at^2=2at^2$

$(1-3a)t^2=0$

$t^2>0$ より,$a=\dfrac{1}{3}$

11 答 (1) $4x^2+16x+16$〔$4(x+2)^2$〕

(2) $-1,\ -7$

考え方 (1) $x\ \xrightarrow{\ \mathcal{ア}\ }\ x+2\ \xrightarrow{\ \mathcal{イ}\ }\ 2(x+2)$

$\xrightarrow{\ \mathcal{ウ}\ }\ \{2(x+2)\}^2$

(2) $x\ \xrightarrow{\ \mathcal{ウ}\ }\ x^2\ \xrightarrow{\ \mathcal{イ}\ }\ 2x^2\ \xrightarrow{\ \mathcal{ア}\ }\ 2x^2+2$

よって,$4x^2+16x+16=2x^2+2$

整理して,$x^2+8x+7=0$

これを解いて,$x=-1,\ -7$

下のように $x=-1,\ -7$ は,ともに問題に適する。

$x=-1$ のとき,

$4x^2+16x+16=4$,$2x^2+2=4$

$x=-7$ のとき,

$4x^2+16x+16=100$,

$2x^2+2=100$

12 答 (1) $\dfrac{1}{5}$ 　 (2) $\dfrac{3}{10}$

考え方 2回の玉の取り出し方を $(a,\ b)$ と表す。

$a=1$ のとき,$(1,\ 2)$,$(1,\ 3)$,$(1,\ 4)$,$(1,\ 5)$ の4通りある。

$a=2,\ 3,\ 4,\ 5$ のときも同じ数ずつあるから,2回の玉の取り出し方は,全部で20通りある。

(1) G に止まるためには,$a+b=7$ となればよい。

$(2,\ 5)$,$(3,\ 4)$,$(4,\ 3)$,$(5,\ 2)$ の4通りある。

よって,求める確率は,$\dfrac{4}{20}=\dfrac{1}{5}$

(2) F に止まるためには,$a+b=6$ のときなので,

$(1,\ 5)$,$(2,\ 4)$,$(4,\ 2)$,$(5,\ 1)$ の4通りある。

ただし，Fに止まるのはそれだけ
ではない。

　$a+b=8$ のとき，$8-7=1$ で，G
から1段下りるから，Fに止まる。

　このとき，$(3, 5)$, $(5, 3)$ の2通
りある。

　よって，Fに止まるのは，
$4+2=6$（通り）なので，求める確率は，
$$\frac{6}{20}=\frac{3}{10}$$